김지헌 [illegible] 설지

1	2	3	4	5
④	③	②	①	③
6	**7**	**8**	**9**	**10**
③	②	⑤	⑤	②
11	**12**	**13**	**14**	**15**
④	②	①	⑤	①
16	**17**	**18**	**19**	**20**
6	16	1	23	2
21	**22**			
12	450			

확률과 통계

23	24	25	26
④	①	①	④
27	**28**	**29**	**30**
③	②	140	9

미적분

23	24	25	26
①	①	②	⑤
27	**28**	**29**	**30**
④	⑤	6	6

공통과목

1. $\left(3^{\sqrt{5}} \times 9\right)^{\sqrt{5}-2}$의 값은? [2점]

① $\frac{1}{9}$ ② $\frac{1}{3}$ ③ 1 ④ 3 ⑤ 9

해설

$\left(3^{\sqrt{5}} \times 9\right)^{\sqrt{5}-2} = \left(3^{\sqrt{5}+2}\right)^{\sqrt{5}-2} = 3$

---

2. 함수 $f(x) = x^3 - 3x$에 대하여 $\lim_{x \to 2} \frac{f(x) + f(-2)}{x-2}$의 값은? [2점]

① 3 ② 6 ③ 9 ④ 12 ⑤ 15

해설

$f(x) + f(-x) = 0$이다. 즉 $f(-2) = -f(2)$이며 $f'(x) = 3x^2 - 3$이므로 $\lim_{x \to 2} \frac{f(x)+f(-2)}{x-2} = f'(2) = 9$이다.

---

3. 공비가 양수인 등비수열 $\{a_n\}$이 $2a_3 + a_4 = 8a_2$, $2a_4 + a_5 = 16$을 만족시킬 때, a_1의 값은? [3점]

① $\frac{1}{4}$ ② $\frac{1}{2}$ ③ 1 ④ 2 ⑤ 4

해설

공비를 r이라 할 때 $r > 0$이며 $2a_3 + a_4 = 8a_2$에서 양변을 a_2로 나누면 $2r + r^2 = 8$에서

$r^2 + 2r - 8 = (r+4)(r-2) = 0$이므로 $r = 2$이다.

또한 $2a_3 + a_4 = 8a_2$에서 양변에 r을 곱하면 $2a_4 + a_5 = 8a_3 = 16$에서 $a_1 r^2 = 2$이므로 $a_1 = \frac{1}{2}$이다.

---

4. 다항함수 $f(x)$에 대하여 함수 $g(x)$를 $g(x) = \{f(x)\}^2$라 하자.
$f'(2) = 3$, $g'(2) = 6$일 때 $f(2)$의 값은? [3점]

① 1 ② 2 ③ 3 ④ 4 ⑤ 5

해설

$g'(x) = 2f(x)f'(x)$에서 $g'(2) = 6 = 2f(2)f'(2) = 6f(2)$이므로 $f(2) = 1$이다.

---

5. 수열 $\{a_n\}$의 일반항이 $a_n = \sin\frac{\pi}{4}n + \cos\frac{\pi}{2}n$일 때, $\sum_{k=1}^{8} a_k$의 값은? [3점]

① -2 ② -1 ③ 0 ④ 1 ⑤ 2

해설

$\sum_{k=1}^{8} a_k = \sum_{k=1}^{8}\left(\sin\frac{\pi}{4}k + \cos\frac{\pi}{2}k\right) = \left(\sum_{k=1}^{8}\sin\frac{\pi}{4}k\right) + \left(\sum_{k=1}^{8}\cos\frac{\pi}{2}k\right)$이다.

이때 $\sin\frac{\pi}{4}k + \sin\left(\pi + \frac{\pi}{4}k\right) = 0$에서 $\sum_{k=1}^{8}\sin\frac{\pi}{4}k = \sum_{k=1}^{4}\left\{\sin\frac{\pi}{4}k + \sin\left(\pi + \frac{\pi}{4}k\right)\right\} = 0$이며

$\cos\frac{\pi}{2}k = \cos\left(2\pi + \frac{\pi}{2}k\right)$, $\cos\frac{\pi}{2}k + \cos\left(\pi + \frac{\pi}{2}k\right) = 0$에서

$\sum_{k=1}^{8}\cos\frac{\pi}{2}k = 2\sum_{k=1}^{4}\cos\frac{\pi}{2}k = 2\sum_{k=1}^{4}\left\{\cos\frac{\pi}{4}k + \cos\left(\pi + \frac{\pi}{4}k\right)\right\} = 0$이다. $\therefore \sum_{k=1}^{8} a_k = 0$

---

6. 함수 $f(x) = 2x^3 - 3ax^2 + b$는 $x = b$에서 극솟값 $b - 1$을 갖는다. $a + b$의 값은? (단, a, b는 상수이다.) [3점]

① 0 ② 1 ③ 2 ④ 3 ⑤ 4

해설

$f'(x) = 6x^2 - 6ax = 6x(x-a)$에서 $a \neq 0$일 때 함수 $f(x)$는 $x = 0$과 $x = a$에서 극값을 갖는다.

이때 $f(0) = b$이고 $f(a) = b - a^3$이므로 $a < 0$인 경우 $b \neq b - 1$에서 주어진 조건을 만족하지 않는다.

따라서 $a > 0$이며 함수 $f(x)$는 $x = a$에서 극솟값 $b - a^3$을 갖는다. $\therefore a = b = 1$, $a + b = 2$

---

7. 곡선 $y = x^3 - 5x^2 + 3x + 1$에 직선 $y = m(x-1)$이 접할 때 상수 m의 값은? [3점]

① -5 ② -4 ③ -3 ④ -3 ⑤ -1

해설

주어진 조건에서 곡선 $y = x^3 - 5x^2 + 3x + 1$ 위의 점 $(1,\ 0)$에서의 접선이 $y = m(x-1)$이다.

즉 도함수 $\frac{d}{dx}(x^3 - 5x^2 + 3x + 1) = 3x^2 - 10x + 3$의 $x = 1$에서의 함숫값 -4가 m의 값과 동일하다.

---

8. 다항함수 $f(x)$가 $f'(x) = 3x^2 - 2$, $\int_{-3}^{3} f(x)dx = 6$을 만족시킬 때 $f(2)$의 값은? [3점]

① 1 ② 2 ③ 3 ④ 4 ⑤ 5

해설

$f(x) = x^3 - 2x + f(0)$이므로 함수 $y = f(x) - f(0)$의 그래프는 원점에 대하여 대칭이다.

즉 $\int_{-3}^{3} f(x)dx \equiv \int_{-3}^{3} f(x) - f(0) + f(0)dx = \int_{-3}^{3} f(x) - f(0)dx + \int_{-3}^{3} f(0)dx = 6f(0) = 6$이므로 $f(0) = 1$이다.

$\therefore f(2) = 8 - 4 + 1 = 5$

---

9. $\overline{\mathrm{AB}}=4$, $\overline{\mathrm{BC}}=3$인 삼각형 ABC의 넓이가 최대가 될 때 삼각형 AMC의 외접원의 반지름의 길이의 값은? (단, M은 선분 AB의 중점이다.) [4점]

① $\dfrac{\sqrt{13}}{6}$　② $\dfrac{\sqrt{13}}{3}$　③ $\dfrac{\sqrt{13}}{2}$　④ $\dfrac{2\sqrt{13}}{3}$　⑤ $\dfrac{5\sqrt{13}}{6}$

해설

삼각형 ABC의 넓이는 $\dfrac{1}{2}\times\overline{\mathrm{AB}}\times\overline{\mathrm{BC}}\times\sin(\angle\mathrm{B})$에서 $\sin(\angle\mathrm{B})$가 최댓값을 가질 때 삼각형의 넓이가 최대가 된다. 즉 $0<\angle\mathrm{B}<\pi$ 에서 $\angle\mathrm{B}=\dfrac{\pi}{2}$일 때 $\sin(\angle\mathrm{B})$가 최댓값을 가진다.

이 경우 피타고라스 정리에 따라 $\overline{\mathrm{AC}}=5$, $\overline{\mathrm{MC}}=\sqrt{13}$이다.

한편 삼각형 AMC의 외접원의 반지름의 길이를 R이라 할 때 $\sin(\angle\mathrm{A})=\dfrac{3}{5}$에서

$R=\dfrac{\overline{\mathrm{MC}}}{2\sin(\angle\mathrm{A})}=\dfrac{\sqrt{13}}{2\times\dfrac{3}{5}}=\dfrac{5\sqrt{13}}{6}$이다.

comment

두 변의 길이에 대한 정보가 주어져 있을 때 끼인 각의 크기가 주어져 있지 않지만 삼각형 ABC의 넓이는 끼인 각에서 사인함수의 함숫값과 비례함을 토대로 풀이를 진행하는 것이 요점입니다.

> 삼각형의 꼭짓점에서 대변 또는 그 연장선에 내린 수선의 발을 이용하면
> $\triangle\mathrm{ABC}$의 넓이를 S라고 할 때 $S=\dfrac{1}{2}bc\sin A=\dfrac{1}{2}ca\sin B=\dfrac{1}{2}ab\sin C$이다.

이후 끼인 각이 직각임을 확인했다면 외접원의 반지름의 길이는 사인법칙을 통해 구할 수 있습니다.

> $\triangle\mathrm{ABC}$의 외접원의 반지름의 길이를 R라고 하면 $\dfrac{a}{\sin A}=\dfrac{b}{\sin B}=\dfrac{c}{\sin C}=2R$,
> 즉 $a:b:c=\sin A:\sin B:\sin C$, $\sin A=\dfrac{a}{2R}$, $\sin B=\dfrac{b}{2R}$, $\sin C=\dfrac{c}{2R}$이다.

$\triangle\mathrm{AMC}$를 관찰할 때 각 A의 크기에 대한 정보는 $\triangle\mathrm{ABC}$에서 찾을 수 있음을 유의합시다.

---

10. 어떤 양수 a에 대하여 시각 $t=0$일 때 점 A를 출발하여 수직선 위를 움직이는 점 P의 시각 t $(t\geq 0)$에서의 속도 $v(t)$가 $v(t)=|t-a-2|-a$이다.

출발 후 점 P의 운동 방향이 두 번째로 바뀌는 시각에서 $\overline{\mathrm{AP}}=\dfrac{4}{a}$일 때 a의 값은? [4점]

① 1　② 2　③ 3　④ 4　⑤ 5

해설

$y=v(t)$의 그래프는 다음과 같다.

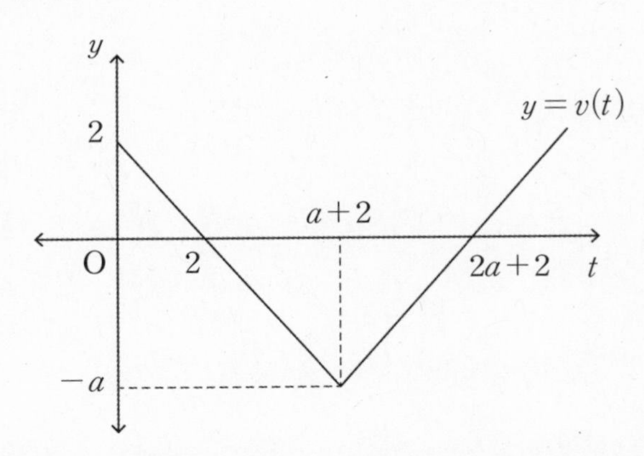

$t=2$에서 점 P의 운동 방향이 첫 번째로 바뀌며 $t=2a+2$에서 점 P의 운동 방향이 두 번째로 바뀐다. 이때 $\overline{\mathrm{AP}}=\left|\int_0^{2a+2} v(t)dt\right|=\left|\int_0^2 v(t)dt+\int_2^{2a+2} v(t)dt\right|=\left|2-a^2\right|=\frac{4}{a}$이다.

$a^2<2$인 경우 $2-a^2=\frac{4}{a}$에서 $a^3-2a+4=0$이다. a에 대한 삼차함수 a^3-2a+4의 도함수의 함숫값이 0일 때 $3a^2-2=0$에서 함수 a^3-2a+4는 $a=\frac{\sqrt{6}}{3}$에서 극솟값 $4-\frac{4\sqrt{6}}{9}$을 가진다.

$4-\frac{4\sqrt{6}}{9}>0$이므로 함수 a^3-2a+4는 $a>0$에서 어떠한 실근도 가지지 않는다.

따라서 $a^2\geq 2$이며 $a^2-2=\frac{4}{a}$, 즉 $a^3-2a-4=(a-2)(a^2+2a+2)=0$이므로 $a=2$이다.

comment

운동 방향이 바뀌는 시각은 속도의 부호가 변화하는 지점을 의미합니다. 이 시각까지 속도에 대한 정적분 값이 $\overline{\mathrm{AP}}$의 길이와 동일함을 토대로 a에 대한 방정식을 구할 수 있습니다.
이때 일차함수를 직접 적분하지 않고 세 점 $(0,\ 0)$, $(0,\ 2)$, $(2,\ 0)$을 꼭짓점으로 하는 삼각형의 넓이와 세 점 $(2,\ 0)$, $(2a+2,\ 0)$, $(a+2,\ -a)$를 꼭짓점으로 하는 삼각형의 넓이를 통해 속도에 대한 정적분의 값을 구할 수 있음을 유의합시다.

> 점 P가 수직선 위를 움직일 때, 시각 t에서의 점 P의 위치를 $x=f(t)$라 하자.
> 함수 $f(t)$의 평균변화율과 점 P의 평균 속도가 같으므로 $\frac{\Delta x}{\Delta t}=\frac{f(t+\Delta t)-f(t)}{\Delta t}$이다.
> $x=f(t)$의 순간변화율을 시각 t에서의 점 P의 속도(v)라고 하며, 그 절댓값을 속력이라고 한다.
> 또한, 시각 t에서의 점 P의 속도(v)의 순간변화율을 시각 t에서의 점 P의 가속도(a)라고 한다.

한편 계산 과정 중 a^3-2a-4와 a^3-2a+4의 양의 실근을 확인하는 과정을 거치게 됩니다.
이 경우 $a^3-2a+4=(a^3-2a-4)+8$이므로 a^3-2a-4의 경우를 먼저 시도하는 것이 바람직합니다.

11. $a_1 = 4$인 수열 $\{a_n\}$이 모든 자연수 n에 대하여 $a_n \le 4$, $|a_{n+1} - a_n| = 1$을 만족한다.

$\displaystyle\sum_{k=1}^{14} |a_k|$의 최댓값은? [4점]

① 49　② 51　③ 53　④ 55　⑤ 57

해설

$a_n = 4$일 때 $a_{n+1} \le 4$, $|a_{n+1} - a_n| = 1$에서 $a_{n+1} = 3$이며 이때 $a_{n+2} = 4$ 또는 $a_{n+2} = 2$이다.

다시 말해 $n \le 14$에서 $a_n \ge 0$이면 a_n은 n이 홀수일 때 최댓값이 4이며 짝수일 때 최댓값이 3이다.

즉 $n \le 14$에서 $a_n \ge 0$이면 $\displaystyle\sum_{k=1}^{14} |a_k|$의 최댓값은 $\displaystyle\sum_{k=1}^{14} a_k = \sum_{k=1}^{7} (a_{2k-1} + a_{2k}) = 7 \times (4+3) = 49$이다.

한편 $n \le 14$에서 $a_n < 0$인 자연수 n이 존재하는 경우, $|a_n| > 4$인 n이 존재할 수 있다.

예를 들어 a_n이 모든 자연수 n에 대하여 $a_{n+1} - a_n = -1$을 만족하는 경우 $a_9 = -4$이므로

$n > 9$에서 $|a_n| > 4$를 만족할 수 있다. 이때 $\displaystyle\sum_{k=1}^{14} |a_k|$의 값은 $a_5 = 0$에서

$$\sum_{k=1}^{14} |a_k| = \sum_{k=1}^{5} a_k + \sum_{k=6}^{14} (-a_k) = \left(\frac{4+0}{2} \times 5\right) + \left(\frac{1+9}{2} \times 9\right) = 10 + 45 = 55\text{이다.}$$

이 경우 $|a_n| > 4$를 만족하는 n의 최솟값이 10이다.

$n \le 13$에서 $a_{n+1} - a_n = 1$인 경우가 존재한다면 $|a_n| > 4$를 만족하는 n의 최솟값은 10보다 크다.

따라서 $\displaystyle\sum_{k=1}^{14} |a_k|$의 최댓값은 55이다.

comment

$\displaystyle\sum_{k=1}^{n} |a_k|$의 최댓값을 구하는 경우, $\displaystyle\sum_{k=1}^{n} |a_k| - \sum_{k=1}^{n-1} |a_k| = |a_n|$에서 가능한 $|a_n|$의 값의 범위를 추론하는 것이 바람직합니다.

> $\displaystyle\sum_{k=1}^{n} a_k = S_n$이라 할 때, $S_{n-1} + a_n = S_n$이므로 $a_n = S_n - S_{n-1}$이다.

a_n이 꾸준히 감소할 때 $\displaystyle\sum_{k=1}^{14} |a_k|$가 최댓값을 가지는 것을 확인하면 이 값은 등차수열의 합을 통해 구할 수 있습니다.

> 첫째항이 a이고 공차가 d인 등차수열의 첫째항부터 제 n항까지의 합을 S_n이라 할 때,
> $S_n = \dfrac{n\{2a + (n-1)d\}}{2}$이다.

12. 최고차항의 계수가 1인 사차함수 $f(x)$가 다음 조건을 만족할 때 함수 $y=f(x)$의 그래프와 직선 $y=x$으로 둘러싸인 영역의 넓이의 값은? [4점]

> (가) $f \circ f(x) \neq x$이거나 $f \circ f \circ f(x) \neq x$인 모든 x에 대하여 $f(x) > x$이다.
> (나) $f \circ f(0)=0$, $f \circ f(1)=1$

① $\frac{1}{60}$ ② $\frac{1}{30}$ ③ $\frac{1}{20}$ ④ $\frac{1}{15}$ ⑤ $\frac{1}{12}$

해설

명제 "$f \circ f(x) \neq x$이거나 $f \circ f \circ f(x) \neq x$인 모든 x에 대하여 $f(x) > x$이다."의 대우는

명제 "$f(x) \leq x$인 모든 x에 대하여 $f \circ f(x)=x$이고 $f \circ f \circ f(x)=x$이다."이다.

이때 $f \circ f(x)=x$이고 $f \circ f \circ f(x)=x$이면 $f(x)=x$임을 보이자.

어떤 실수 t가 $f \circ f(t)=t$, $f \circ f \circ f(t)=t$, $f(t) \neq t$를 만족하는 경우를 가정할 때

$f \circ f \circ f(t)=f(f \circ f(t))=f(t) \neq t$에서 $f \circ f \circ f(t)=t$임에 모순이다.

따라서 $f(x) \leq x$인 모든 x에 대하여 $f(x)=x$이다. 즉 실수 전체의 집합에서 $f(x) \geq x$이다.

한편 $f \circ f(0) \geq f(0) \geq 0$이므로 $f(0)=0$이며 동일하게 $f(1)=1$이다.

$\therefore f(x)=x^2(x-1)^2+x$

따라서 함수 $f(x)$의 그래프와 직선 $y=x$으로 둘러싸인 영역의 넓이의 값은

$$\int_0^1 f(x)-x\,dx=\int_0^1 x^2(x-1)^2dx=\int_0^1 x^4-2x^3+x^2dx=\left[\frac{1}{5}x^5-\frac{1}{2}x^4+\frac{1}{3}x^3\right]_0^1=\frac{1}{30}$$ 이다.

comment

조건 (나)에서 주어진 정보를 활용하기 위해 함수 $f(x)$가 조건 (가)를 만족하므로 이의 대우 또한 만족함을 이용하는 것이 바람직합니다.

이때 $f(x) < x$인 경우와 $f(x)=x$인 경우를 구분지어 고려할 때 귀류법을 통해 주어진 조건을 관찰할 수 있습니다.

> 명제의 참, 거짓과 진리집합 사이의 관계에서 $p \Rightarrow q \Leftrightarrow P \subset Q \Leftrightarrow P \cap Q = P$이다.
> $P \cap Q = P$이 성립함을 보이기 위해 $P \cap Q^C = \varnothing$ 또는 $P^C \cap Q^C = Q^C$이 성립함을 보여도 된다.
> $P \cap Q^C = \varnothing$를 고려하는 경우를 귀류법, $P^C \cap Q^C = Q^C$을 고려하는 경우를 대우증명법이라 한다.

함수 $f(x)$를 특정한 이후 함수 $y=f(x)$의 그래프와 직선 $y=x$으로 둘러싸인 영역의 넓이의 값은 정적분을 통해 구할 수 있습니다.

> 두 함수 $f(x)$, $g(x)$가 닫힌구간 $[a, b]$에서 연속일 때, 두 곡선 $y=f(x)$와 $y=g(x)$ 및 두 직선 $x=a$, $x=b$로 둘러싸인 도형의 넓이 S는 $S=\int_a^b |f(x)-g(x)|dx$이다.

13. 모든 자연수 n에 대하여 수열 $\{a_n\}$이 다음 조건을 만족할 때 $\sum_{n=1}^{511} a_n$의 값은? [4점]

> 직선 $y=\left(1+\frac{1}{n}\right)(x+a_n)$과 곡선 $y=2^x$은 오직 두 점에서만 만나며 이때 한 점의 y좌표는 다른 한 점의 y좌표의 두 배이다.

① 502　　② 505　　③ 508　　④ 511　　⑤ 514

해설

방정식 $\left(1+\frac{1}{n}\right)(x+a_n)=2^x$의 해를 각각 α, β $(\alpha<\beta)$라 할 때 점 $(\beta,\ 2^\beta)$의 y좌표가 점 $(\alpha,\ 2^\alpha)$의 y좌표의 두 배이므로 $2\times 2^\alpha=2^{\alpha+1}=2^\beta$에서 $\beta=\alpha+1$이다.

따라서 $\left(1+\frac{1}{n}\right)(\alpha+a_n)=2^\alpha$이며 $\left(1+\frac{1}{n}\right)(\beta+a_n)=2^\beta$이므로 $\left(1+\frac{1}{n}\right)(\alpha+1+a_n)=2^{\alpha+1}$이다.

이때 두 등식을 연립했을 때 $2^{\alpha+1}-2^\alpha=1+\frac{1}{n}=2^\alpha$에서 $2^\alpha(\alpha+a_n)=2^\alpha$, 즉 $\alpha+a_n=1$이다.

한편 $\alpha=\log_2\left(1+\frac{1}{n}\right)$이므로 $a_n=1-\alpha=1-\log_2\left(1+\frac{1}{n}\right)$이다.

따라서 $\sum_{n=1}^{511} a_n=\sum_{n=1}^{511}\left\{1-\log_2\left(1+\frac{1}{n}\right)\right\}=511-\sum_{n=1}^{511}\log_2\frac{n+1}{n}=511-\log_2\left(\frac{2}{1}\times\frac{3}{2}\times\ \cdots\ \times\frac{511}{510}\times\frac{512}{511}\right)$

$=511-\log_2 512=511-9=502$이다. $\therefore \sum_{n=1}^{511} a_n=502$

comment

지수함수에서 두 점의 y좌표의 비에 대한 정보는 두 점의 x좌표의 차이에 대한 정보로 고려하는 것이 바람직합니다.

> 지수함수 $y=a^x$의 그래프에 속하는 점들의 y좌표를 b배 하였을 때, $y=ba^x=a^{\log_a b}\times a^x=a^{x+\log_a b}$이다. 따라서 y좌표를 b배한 것은 x축의 음의 방향으로 $\log_a b$만큼 평행이동한 것과 같다.

수열 $\{a_n\}$을 특정한 이후 아래와 같은 로그의 성질을 활용하여 $\sum_{n=1}^{512} a_n$의 값을 구할 수 있습니다.

> 지수법칙에 따라 $a>0$, $a\neq 1$, $M>0$, $N>0$, k가 실수일 때 로그는 다음과 같은 성질을 가진다.
>
> $\log_a MN=\log_a M+\log_a N$, $\log_a\frac{M}{N}=\log_a M-\log_a N$

14. 어떤 실수 k에 대해 함수 $f(x)=(x-k)(x^2-kx-1)$이다. 방정식 $f(x)=-x+2$가 서로 다른 두 양의 실근만을 가질 때 $f(6)$의 값을 구하시오. [4점]

① 105 ② 108 ③ 111 ④ 114 ⑤ 117

해설 1

$f(k)=0$에서 $x \neq k$일 때 $\dfrac{f(x)}{x-k}=x^2-kx-1$이다. 이때 $\lim\limits_{x \to k}\dfrac{f(x)}{x-k}=f'(k)=-1$이다.

따라서 직선 $y=-x+k$와 곡선 $y=f(x)$은 점 $(k,\ 0)$에서 접한다.

k가 2인 경우 $f(x)$의 이차항의 계수가 $-k-k=-2k$이므로 $f(x)+x-2=(x-j)(x-k)^2$이라 할 때 $-j-2k=-2k$, 즉 $j=0$이므로 $f(x)+x-2=x(x-k)^2=x(x-2)^2$이다.

이때 방정식 $f(x)=-x+2$의 한 실근이 $x=0$이므로 주어진 조건을 만족하지 않는다. $\therefore k \neq 2$

한편 곡선 $y=f(x)$는 점 $\left(\dfrac{2}{3}k,\ f\left(\dfrac{2}{3}k\right)\right)$에 대하여 점대칭이다. 따라서 $f'\left(\dfrac{1}{3}k\right)=f'(k)=-1$이다.

또한 $f\left(\dfrac{1}{3}k\right)=\dfrac{4}{27}k^3+\dfrac{2}{3}k$이므로 직선 $y=-x+k+\dfrac{4}{27}k^3$과 곡선 $y=f(x)$는 점 $\left(\dfrac{1}{3}k,\ f\left(\dfrac{1}{3}k\right)\right)$에서 접한다. $\therefore k+\dfrac{4}{27}k^3=2$

이때 $\dfrac{4}{27}k^3+k-2=\dfrac{1}{27}(2k-3)(2k^2+3k+18)$이며 k에 대한 이차함수 $2k^2+3k+18$의 판별식의 값이 $9-144=-135<0$이므로 $k=\dfrac{3}{2}$이다. $\therefore f(x)=\left(x-\dfrac{3}{2}\right)\left(x^2-\dfrac{3}{2}x-1\right)$, $f(6)=\dfrac{9}{2}\times 26=117$

한편 $f(x)$의 도함수를 직접 구해 $f'(x)=x^2-kx-1+(x-k)(2x-k)=3x^2-4kx+k^2-1=-1$인 경우 $x=\dfrac{k}{3}$ 또는 $x=k$ 임을 확인할 수 있다.

해설 2

$f(x)=-x+2$일 때 $f(x)=(x-k)(x^2-kx-1)=-(x-k)-k+2$에서 $(x-k)(x^2-kx)=-k+2$이다.

다시 말해 $f(x)=-x+2$일 때 $x(x-k)^2=-k+2$이다.

삼차함수 $x(x-k)^2$은 $k>0$일 때 $x=k$에서 극솟값 0을 갖고 $x=\dfrac{1}{3}k$에서 극댓값 $\dfrac{4}{27}k^3$을 갖는다.

$k=0$일 때 함수 $x(x-k)^2$은 어떤 극값도 가지지 않으므로 주어진 조건을 만족하지 않으며

$k<0$일 때 함수 $x(x-k)^2$의 극값 중 양수는 없으나 $-k+2>2$에서 주어진 조건을 만족하지 않는다.

따라서 $k>0$이고 $\dfrac{4}{27}k^3=-k+2$일 때 주어진 조건을 만족한다.

이때 $\dfrac{4}{27}k^3+k-2=\dfrac{1}{27}(2k-3)(2k^2+3k+18)$이며 k에 대한 이차함수 $2k^2+3k+18$의 판별식의 값이 $9-144=-135<0$이므로 $k=\dfrac{3}{2}$이다. $\therefore f(x)=\left(x-\dfrac{3}{2}\right)\left(x^2-\dfrac{3}{2}x-1\right)$, $f(6)=\dfrac{9}{2}\times 26=117$

comment

주어진 조건에서 곡선 $y=f(x)$와 직선 $y=-x+2$가 접할 때 방정식 $f(x)=-x+2$가 서로 다른 두 실근만을 가질 수 있습니다.

따라서 방정식 $f'(x)=-1$의 해를 구하여 각각의 해에 대해 방정식 $f(x)=-x+2$의 실근의 부호를 조사하는 것이 바람직합니다.

> 곡선 $y=f(x)$위의 점 $(a,\ f(a))$에서의 접선의 방정식은 $y-f(a)=f'(a)(x-a)$이다.

이때 해설 1.과 같이 $f(x)$의 형태에서 $f'(k)=-1$임을 확인할 수 있습니다.

> 미분가능한 함수 $f(x)$와 $g(x)=(x-a)f(x)$에 대해 $g'(a)=\lim_{x\to a}\dfrac{(x-a)f(x)}{(x-a)}=f(a)$이다.

또한 곡선 $y=f(x)$가 점 $\left(\dfrac{2}{3}k,\ f\left(\dfrac{2}{3}k\right)\right)$에 대하여 점대칭이므로 $f'\left(\dfrac{1}{3}k\right)=-1$을 발견할 수 있습니다.

> 변곡점은 함수의 그래프의 오목성과 볼록성이 바뀌는 점이다. 모든 삼차함수는 변곡점을 가지고 있으며, 삼차함수 $f(x)=ax^3+bx^2+cx+d$에 대하여 도함수 $f'(x)=3ax^2+2bx+c$가 이차함수이고 대칭축 $x=-\dfrac{b}{3a}$에서 극값을 가지므로 삼차함수 $f(x)$의 변곡점의 좌표는 $\left(-\dfrac{b}{3a},\ f\left(\dfrac{b}{3a}\right)\right)$이다.
>
> $f(x)=\int f'(x)dx$이고 도함수 $f'(x)=3ax^2+2bx+c$의 그래프가 $x=-\dfrac{b}{3a}$을 기준으로 대칭을 이루므로 삼차함수 $y=f(x)$의 그래프는 변곡점에 대해 대칭이다.

한편 해설 2.와 같이 우변에서 $-x$를 이항하여 정리한 이후 관찰할 수 있습니다.

> 미지수가 2개인 연립방정식의 풀이시 1개의 미지수를 없애고 다른 미지수에 관한 식으로 나타낸다.

마지막으로 k에 대한 삼차식을 인수분해할 때 다음과 같이 실근을 확인하는 것이 바람직합니다.

> 인수정리를 이용하여 삼차 이상의 다항식 $P(x)$를 인수분해할 때, $P(a)=0$을 만족시키는 a의 값은 $\pm\dfrac{(P(x)\text{의 상수항의 약수})}{(P(x)\text{의 최고차항의 계수의 약수})}$중에서 찾을 수 있다.

---

15. 두 등차수열 $\{a_n\}$, $\{b_n\}$은 다음 조건을 만족한다.

(가) $a_1 - b_5 = 0$ (나) 두 자연수 p, q에 대하여 $a_p - b_q = 0$를 만족하는 순서쌍 $(p,\ q)$의 개수는 5이다.

어떤 양의 짝수 m에 대하여 $\sum_{k=1}^{m} a_k = \sum_{k=1}^{m} b_k$일 때, m의 값은? [4점]

① 8 ② 10 ③ 12 ④ 14 ⑤ 16

해설

수열 $\{a_n\}$의 초항을 a, 공차를 d라 할 때 $a_1 = b_5$에서 $b_5 = a$이다.

조건 (나)에서 $d=0$일 때 두 자연수 p, q에 대하여 $q=5$인 경우 $a_p = b_q$를 만족하는 순서쌍 $(p,\ q)$의 개수는 셀 수 없으므로 $d \neq 0$이다.

수열 $\{b_n\}$의 공차와 수열 $\{a_n\}$의 공차의 부호가 동일한 경우 조건 (나)를 만족하는 순서쌍 $(p,\ q)$의 개수가 셀 수 없다. 따라서 수열 $\{b_n\}$의 공차의 부호와 수열 $\{a_n\}$의 공차의 부호는 다르다.

한편 조건 (나)를 만족하는 순서쌍 $(p,\ q)$의 개수가 5로 셀 수 있으므로 수열 $\{b_n\}$의 공차는 수열 $\{a_n\}$의 공차의 음의 정수배이다.

따라서 어떤 음의 정수 s에 대해 수열 $\{b_n\}$의 공차를 sd라 하자.

이때 $a_k - b_k = c_k$를 만족하는 c_k에 대하여 수열 $\{c_n\}$을 관찰하자.

$c_{n+1} - c_n = (a_{n+1} - b_{n+1}) - (a_n - b_n) = (a_{n+1} - a_n) - (b_{n+1} - b_n) = d - sd = (1-s)d$이다.

따라서 수열 $\{c_n\}$은 등차수열이고, $c_{n+1} = c_n + (1-s)d$, $c_5 = a_5 - b_5 = a_5 - a_1 = 4d$에서

$c_n = (n-5)\{(1-s)d\} + 4d$이므로 $\sum_{k=1}^{m} c_k = m \times \left(\frac{c_1 + c_m}{2}\right) = m \times \left(\frac{4sd + (m-5)\{(1-s)d\} + 4d}{2}\right)$이다.

$\sum_{k=1}^{m} a_k = \sum_{k=1}^{m} b_k$에서 $\sum_{k=1}^{m} c_k = 0$이므로 $m > 0$에서 $\frac{4sd + (m-5)\{(1-s)d\} + 4d}{2} = 0$을 만족하는 양의 짝수 m이 적어도 하나 존재한다. 따라서 $4s + (m-5)(1-s) + 4 = 0$에서 $m - 5 = \frac{4s+4}{s-1}$이다.

$m - 5 = 4 + \frac{8}{s-1}$에서 $s = -1,\ -3,\ -7$일 때 m의 값은 각각 $m = 5,\ 7,\ 8$이고 m은 양의 짝수이므로 주어진 조건을 만족하는 m의 값은 8이다.

comment

수열 $\{a_n\}$의 공차의 부호와 수열 $\{b_n\}$의 공차의 부호가 동일할 때, $p>1$에서 $a_p=b_q$인 순서쌍 $(p,\ q)$가 존재하면 $q>5$이며 이 p와 q의 값에 대하여

$a_{2p-1}=b_{2q-5}$, $a_{3p-2}=b_{3q-10}$, $\cdots$, $a_{n(p-1)+1}=b_{n(q-5)+5}$를 만족하여 조건 (나)를 만족하지 않음을 관찰하는 것이 바람직합니다.

즉 수열 $\{a_n\}$의 $n(p-1)+1$번째 항을 나열한 것과 수열 $\{b_n\}$의 $n(q-5)+5$번째 항을 나열한 것은 둘 다 증가하거나 둘 다 감소함을 관찰할 수 있습니다.

이때 n이 충분히 커지더라도 $a_{n(p-1)+1}=b_{n(q-5)+5}$를 만족하므로 순서쌍 $(p,\ q)$의 개수가 셀 수 없음을 관찰하는 것이 바람직합니다.

하지만 수열 $\{a_n\}$의 공차의 부호와 수열 $\{b_n\}$의 공차의 부호가 다를 때, $p>1$에서 $a_p=b_q$인 순서쌍 $(p,\ q)$가 존재하면 $q<5$이며 $a_{2p-1}=b_{2q-5}$, $a_{3p-2}=b_{3q-10}$, $\cdots$, $a_{n(p-1)+1}=b_{n(q-5)+5}$를 만족할 때 $n(q-5)+5>0$인 경우까지만 $a_{n(p-1)+1}=b_{n(q-5)+5}$를 만족하는 것을 관찰할 수 있습니다.

즉 $a_p=b_q$이며 $q<5$인 모든 순서쌍 $(p,\ q)$에 대하여 q가 최댓값을 가질 때 $n(q-5)+5>0$를 만족하는 자연수 n의 개수가 5인 경우 조건 (나)를 만족할 수 있습니다.

> 수열 $\{a_n\}$은 $n=1,\ 2,\ 3,\ \cdots$에 수열의 각 항 $a_1,\ a_2,\ a_3,\ \cdots$을 대응시키므로
> 자연수 전체의 집합을 정의역, 실수 전체의 집합을 공역으로 하는 함수로 볼 수 있다.
> 첫째항부터 차례로 '일정한 수'를 더하여 얻은 수열을 등차수열이라 하고,
> 이때 '일정한 수'를 공차라고 한다. 공차는 다음 항에서 앞의 항을 뺀 결과로 구해질 수 있다.
> 세 수 $a,\ b,\ c$가 이 순서대로 등차수열을 이룰 때, b를 a와 c의 등차중항이라고 한다.
> 이때, $b-a=c-b$이므로 $b=\dfrac{a+c}{2}$, 즉 $2b=a+c$이다.

이 경우 수열 $\{b_n\}$의 공차를 수열 $\{a_n\}$의 공차에 대해 나타낸 이후 수열 $c_n=a_n-b_n$이 등차수열임을 통해 주어진 조건을 만족하는 m의 값을 구할 수 있습니다.

> 두 수열 $\{a_n\}$, $\{b_n\}$에 대하여 $\sum_{k=1}^{n}(a_k+b_k)=\sum_{k=1}^{n}a_k+\sum_{k=1}^{n}b_k$, $\sum_{k=1}^{n}(a_k-b_k)=\sum_{k=1}^{n}a_k-\sum_{k=1}^{n}b_k$가 성립한다.

공차의 부호에 따른 케이스 분류 능력만을 평가하기 위해 문항을 출제하여 학생들을 배려하기 위해 최대한 단순한 경우를 출제하였지만, 학생들에게 체감 난이도가 상당히 높았을 것이라 예상합니다.

---

16. 방정식 $4^{x+3}=\left(\dfrac{1}{8}\right)^{-x}$을 만족시키는 실수 x의 값을 구하시오. [3점]

해설

$2^{2x+6}=2^{3x}$에서 $2x+6=3x$이므로 $x=6$이다.

---

17. 함수 $f(x)$에 대하여 $f'(x)=4(x-1)^3$이고 $f(2)=1$일 때, $f(3)$의 값을 구하시오. [3점]

해설

$f(3)-f(2)=\int_2^3 f'(t)dt=\left[(x-1)^4\right]_2^3=16-1=15$이므로 $f(3)=16$이다.

---

18. 수열 $\{a_n\}$에 대하여 $\sum_{k=1}^{10}(a_k-1)^2=\sum_{k=1}^{9}\left\{(a_k)^2-1\right\}$, $\sum_{k=1}^{9}a_k=9$일 때, a_{10}의 값을 구하시오. [3점]

해설

$\sum_{k=1}^{10}(a_k-1)^2=\left(\sum_{k=1}^{10}(a_k)^2\right)-2\left(\sum_{k=1}^{10}a_k\right)+\left(\sum_{k=1}^{10}1\right)=\sum_{k=1}^{9}\left\{(a_k)^2-1\right\}=\left(\sum_{k=1}^{9}(a_k)^2\right)-\left(\sum_{k=1}^{9}1\right)$에서

$(a_{10})^2-2\left(\sum_{k=1}^{10}a_k\right)+19=(a_{10})^2-2\left(a_{10}+\sum_{k=1}^{9}a_k\right)+19=(a_{10})^2-2(a_{10}+9)+19=(a_{10}-1)^2=0$이다.

$\therefore a_{10}=1$

---

19. $\cos\frac{4\pi}{5}\tan\frac{6\pi}{5}>\cos\frac{n\pi}{10}$을 만족하는 두 자리의 자연수 n의 개수를 구하시오. [3점]

해설

$\cos\left(\pi-\frac{\pi}{5}\right)=\cos\left(\pi+\frac{\pi}{5}\right)$이므로 $\cos\frac{4\pi}{5}\tan\frac{6\pi}{5}=\cos\frac{4}{5}\pi\times\frac{\sin\frac{6\pi}{5}}{\cos\frac{6\pi}{5}}=\sin\frac{6\pi}{5}$이다.

이때 $\sin\frac{6\pi}{5}=\cos\left(\frac{\pi}{2}-\frac{6\pi}{5}\right)=\cos\left(-\frac{7\pi}{10}\right)=\cos\frac{7\pi}{10}$이므로 $n<20$일 때 $\cos\frac{7\pi}{10}>\cos\frac{n\pi}{10}$을 만족하는 자연수 n은 $7<n<13$인 경우이다. 이 중 두 자리의 자연수인 것은 $n=10,\ 11,\ 12$인 경우 뿐이다.

또한 $\cos\frac{n\pi}{10}=\cos\frac{(n+20)\pi}{10}$에서 4 이하의 모든 자연수 k에 대해 $20k+7<n<20k+13$인 경우도 주어진 조건을 만족한다.

따라서 주어진 조건을 만족하는 두 자리의 자연수 n의 개수는 $3+5\times4=23$이다.

---

20. 이차함수 $f(x)$와 함수 $g(x)=f(x)+|f(x)|$가 다음 조건을 만족한다.

> (가) 실수 전체의 집합에서 $|f(x)g(x)|+|\{1-f(x)\}g(x)|=g(x)$이다.
> (나) $g(1)=2$

$\lim\limits_{h\to 2+}\dfrac{g(h)-f(h)}{h-2}=t$일 때 t의 값을 구하시오. [4점]

해설

$f(x)\le 0$일 때 $g(x)=0$이므로 조건 (가)를 만족한다.

$f(x)>0$일 때 $g(x)=2f(x)$이며 $g(x)>0$에서 양변을 $g(x)$로 나누었을 때 $|f(x)|+|1-f(x)|=1$이다.

이때 $|1-f(x)|=1-f(x)$이므로 $0<f(x)\le 1$이다.

한편 조건 (나)에서 $g(1)=2f(1)=2$이므로 $f(x)$는 최고차항의 계수를 a라 할 때 $a<0$이며 꼭짓점이 $(1,\ 1)$인 이차함수이다. 즉 $f(x)=a(x-1)^2+1\ (a<0)$이다.

또한 극한값 $\lim\limits_{h\to 2+}\dfrac{g(h)-f(h)}{h-2}$이 존재하며 $g(x)$가 연속함수이므로 $g(2)=f(2)$에서 $f(2)=0$이다.

다시 말해 $f(2)=a+1=0$에서 $a=-1$이므로 $f(x)=-(x-1)^2+1$이다.

$\therefore \lim\limits_{h\to 2+}\dfrac{g(h)-f(h)}{h-2}=\lim\limits_{h\to 2+}\dfrac{f(h)+|f(h)|-f(h)}{h-2}=\lim\limits_{h\to 2+}\dfrac{|f(h)|}{h-2}=-f'(2)=2,\ t=2$

comment

양변에 $g(x)$에 대한 정보가 주어져있으므로 $g(x)=0$과 $g(x)>0$인 경우를 나누어 각각의 상황에서 $f(x)$에 대한 정보를 얻는 것이 바람직합니다.

> 일반적으로 양수 a와 절댓값을 포함한 부등식에 대하여 다음이 성립한다.
>
> > ① $|x|<a$이면 $-a<x<a$이다.
> > ② $|x|>a$이면 $x<-a$ 또는 $x>a$이다.

한편 절댓값을 수직선 위의 두 점 사이의 거리로 바라보는 관점도 학습해두길 바랍니다.

이 경우 조건 (가)에서 $g(x)>0$일 때 $|f(x)|+|1-f(x)|=1$이 성립하는데, 이 등식은 수직선 위의 세 점 $\mathrm{O}(0)$, $\mathrm{A}(f(x))$, $\mathrm{B}(1)$에 대하여 $\overline{\mathrm{OA}}+\overline{\mathrm{AB}}=\overline{\mathrm{OB}}$이 성립함을 알려주므로 점 A가 선분 OB 위에 존재함을 알 수 있습니다.

> 수직선 위의 두 점 $\mathrm{A}(x_1)$, $\mathrm{B}(x_2)$ 사이의 거리는 x_1, x_2의 대소에 관계없이 한 수에서 다른 수를 뺀 후, 그 절댓값으로 구할 수 있다. 즉, $\overline{\mathrm{AB}}=|x_2-x_1|=|x_1-x_2|$이다. 특히 수직선 위의 원점 $\mathrm{O}(0)$와 점 $\mathrm{A}(x_1)$ 사이의 거리는 $\overline{\mathrm{OA}}=|x_1|$이다.

또한 조건 (가)에서 얻어낸 정보 $f(x)\le 1$과 조건 (나)에서 함수 $f(x)$가 $x=1$에서 최댓값 1을 가짐을 알 수 있습니다. 이때 함수 $f(x)$가 $x=1$에서 극대임을 확인하는 것이 바람직합니다.

함수 $f(x)$에서 $x=a$를 포함하는 어떤 열린구간에 속하는 모든 x에 대하여 $f(x) \le f(a)$이면
함수 $f(x)$는 $x=a$에서 극대라고 하며, $f(a)$를 극댓값이라고 한다.
함수 $f(x)$가 $x=a$에서 극값을 가진다고 해서 $f'(a)=0$인 것은 아니다.
그러나 미분가능한 함수 $f(x)$가 $x=a$에서 극값을 가지면 $f'(a)=0$이다.

한편 $f(x)$가 이차함수이므로 $f(x)$가 꼭짓점이 점 $(1,\ 1)$이며 최고차항의 계수가 음수라는 정보를 확인하는 것 또한 바람직합니다.

일반적으로 이차함수 $y=a(x-p)^2+q$의 최댓값과 최솟값은 다음과 같다.

① $a>0$이면 $x=p$에서 최솟값 q를 갖고 최댓값은 없다.
② $a<0$이면 $x=p$에서 최댓값 q를 갖고 최솟값은 없다.

마지막으로 극한값 $\lim_{h \to 2+} \frac{g(h)-f(h)}{h-2}$이 존재함이 주어져있으므로 $g(2)=h(2)$이며 이때 이 극한값은 곡선 $y=|f(x)|$의 $x=2$에서 우미분계수에 해당함을 확인하는 것이 바람직합니다.

상수 α에 대하여 $\lim_{x \to a} \frac{f(x)}{g(x)}=\alpha$이고 $\lim_{x \to a} g(x)=0$이면 $\lim_{x \to a} f(x)=\lim_{x \to a}\left\{\frac{f(x)}{g(x)} \times g(x)\right\}$
$=\lim_{x \to a} \frac{f(x)}{g(x)} \times \lim_{x \to a} g(x)=\alpha \times 0=0$이다.

---

21. x에 대한 방정식 $(4^x-k2^x+3k-8)(2^{x+1}-k)=0$이 서로 다른 두 실근만을 가진다.
$3k$의 값이 자연수일 때 가능한 모든 실수 k의 합을 구하시오. [4점]

해설

$2^x=X$라 할 때, $X>0$에서 방정식 $(X^2-kX+3k-8)(2X-k)=0$이 서로 다른 두 실근만을 가진다.

X에 대한 이차함수 $X^2-kX+3k-8$의 판별식이 $k^2-12k+32=(k-4)(k-8)$이므로 방정식 $X^2-kX+3k-8=0$은 $k=4,\ 8$에서 중근 $X=\frac{k}{2}$를 가진다. (이는 두 근의 합이 k이기 때문이다.)

또한 $4<k<8$에서 어떠한 실근도 가지지 않고 $k<4$ 또는 $k>8$에서 서로 다른 두 실근을 가진다.

방정식 $2X-k=0$의 실근이 $X=\frac{k}{2}$임에 따라 $4 \le k \le 8$에서 방정식 $(4^x-k2^x+3k-8)(2^{x+1}-k)=0$은 오직 한 실근만을 가지므로 주어진 조건을 만족하지 않는다. 따라서 $k<4$ 또는 $k>8$이다.

즉 $X>0$에서 방정식 $X^2-kX+3k-8=0$은 중근이 아닌 한 양의 실근을 가진다.

한편 실수 전체의 집합에서 정의된 t에 대한 함수 $f(t)=t^2-kt+3k-8$가 $t>0$에서 중근이 아닌 한 양의 실근을 가질 때 함수 $f(t)$는 양이 아닌 한 실근 또한 가진다.

이때 방정식 $f(t)=0$의 서로 다른 두 실근의 곱의 값은 양이 아니다. $\therefore\ 3k-8\le 0,\ k\le \frac{8}{3}$

따라서 $0<k\le\frac{8}{3}$이므로 $3k$의 값이 자연수일 때 가능한 모든 k의 합은 $\frac{1}{3}\times\frac{(1+8)\times 8}{2}=12$이다.

comment

주어진 방정식을 $2^x=X\ (X>0)$으로 치환하여 고려하는 것이 바람직합니다.

> 공통부분이 있는 식의 경우에는 그 공통부분을 하나의 문자로 바꾸어 관찰하는 것이 편리하다.
> 공통부분을 하나의 문자로 바꾸는 행위를 치환이라 한다.

이때 지수법칙에서 $4^x=2^{2x}=X^2$에 해당하며 $2^{x+1}=2X$에 해당합니다.

> $a\neq 0$이고 $r,\ s$가 실수일 때 지수법칙 $a^r a^s=a^{r+s},\ (a^r)^s=a^{rs}$이 성립한다.

또한 X에 대한 이차함수 $X^2-kX+3k-8$의 서로 다른 실근의 개수는 판별식을 통해 확인하는 것이 바람직합니다.

> 계수가 실수인 이차방정식 $ax^2+bx+c=0$에서 $D=b^2-4ac$라고 할 때 다음이 성립한다.
>
> ① $D>0$이면 서로 다른 두 실근을 갖는다.
> ② $D=0$이면 실수인 중근을 갖는다.
> ③ $D<0$이면 서로 다른 두 허근을 갖는다.
>
> 즉, 이차방정식이 실근을 가질 조건은 $D\ge 0$이다. 거꾸로 이차방정식이 서로 다른 두 실근을 가지면 $D>0$, 실수인 중근을 가지면 $D=0$, 허근을 가지면 $D<0$이다.

이후 X에 대한 이차함수 $X^2-kX+3k-8$의 이차항의 계수가 k이므로 근과 계수의 관계에서 두 근의 합이 k임을 관찰할 수 있습니다.
또한 방정식 $f(t)=0$의 서로 다른 두 실근의 곱의 부호를 통해 k의 범위를 구하는 것이 바람직합니다.

> 계수가 실수인 이차방정식 $ax^2+bx+c=0$의 두 근을 $\alpha,\ \beta$라고하면 $\alpha+\beta=-\frac{b}{a},\ \alpha\beta=\frac{c}{a}$이다.

마지막으로 가능한 모든 실수 k의 합을 구할 때 등차수열의 합을 통해 구하는 것이 바람직합니다.

> 등차수열의 첫째항부터 제 n항까지의 합을 S_n이라 할 때, $S_n=\frac{n\{2a+(n-1)d\}}{2}$이다.

22. 서로 다른 세 자연수 근을 갖는 최고차항의 계수가 1인 삼차함수 $f(x)$와 임의의 실수 t에 대하여 닫힌구간 $[t,\ t+1]$에서 $f(x)$의 최댓값을 $g(t)$라 하자. t에 대한 함수 $g(t)$는 다음 조건을 만족한다.

함수 $g(t)$가 $t=n$에서 극소가 되도록 하는 자연수 n은 오직 3, 6뿐이며 이때 $g(6)\neq 0$이다.

$f(13)$의 값을 구하시오. [4점]

해설

$f(x)$가 극대가 되는 x의 값을 α, $x>\alpha$에서 방정식 $f(x)=f(x+1)$의 실근을 $x=\beta$라 하자.

함수 $g(t)$는 $t<\alpha-1$에서 $g(t)=f(t+1)$이고 $\alpha-1\le t\le\alpha$에서 $g(t)=f(\alpha)$이며

$\alpha<x<\beta$에서 $g(t)=f(t)$이고 $t\ge\beta$에서 $g(t)=f(t+1)$이다.

즉 $g(t)=\begin{cases} f(t+1) & (t<\alpha-1 \text{ 또는 } t\ge\beta) \\ f(\alpha) & (\alpha-1\le t\le\alpha) \\ f(t) & (\alpha<t<\beta) \end{cases}$ 이다. 이때 함수 $y=g(t)$의 그래프는 다음과 같다.

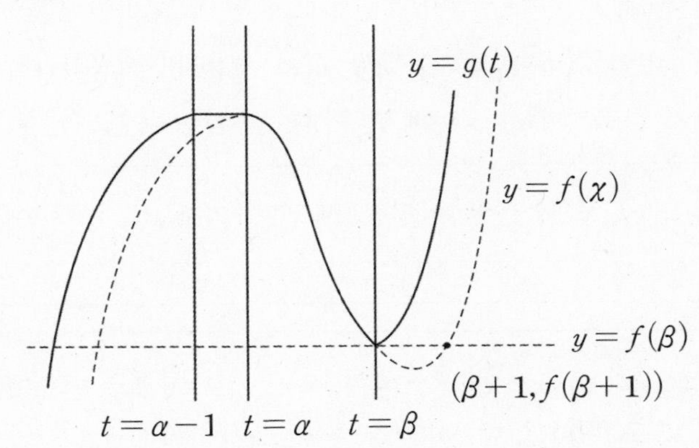

이때 주어진 조건에서 $\alpha-1\le 3\le\alpha$, 즉 $3\le\alpha\le 4$이며 $g(6)\neq 0$이므로 $f(6)=f(7)\neq 0$이다.

방정식 $f(x)=f(6)$의 6보다 작은 실근을 k라 할 때 $f(x)$의 서로 다른 세 자연수 근의 합과 $k+6+7$이 근과 계수의 관계에 따라 동일하므로 k는 정수이며 $f(x)-f(6)=(x-k)(x-6)(x-7)$이다.

이때 양변을 미분하면 $f'(x)=(x-6)(x-7)+(x-k)(x-7)+(x-k)(x-6)$이며

$3\le\alpha\le 4$에서 함수 $f(x)$가 $x=\alpha$에서 극대이므로 $f'(3)\ge 0\ge f'(4)$이다.

즉 $f'(3)=7k-9\ge 0$, $f'(4)=5k-14\le 0$이다.

따라서 $\frac{9}{7}\le k\le\frac{14}{5}$이고 k는 정수이므로 $k=2$이다. $\therefore f(x)=(x-2)(x-6)(x-7)+f(6)$

곡선 $y=f(x)$가 점 $(a,\ f(a))$에 대하여 점대칭일 때 근과 계수의 관계에서 $3a=2+6+7=15$이다.

즉, 곡선 $y=f(x)$가 점 $(5,\ f(5))$에 대하여 점대칭이므로 $f(2)=f(6)=f(7)$에서

$f(10-2)=f(10-6)=f(10-7)$, 즉 $f(8)=f(4)=f(3)$이다.

다시 말해 $f(x)=(x-3)(x-4)(x-8)+f(3)$이며 $f(3)=0$일 때 주어진 조건을 만족한다.

$\therefore f(13)=(13-3)(13-4)(13-8)=450$

comment

함수 $f(x)$가 극값을 지점을 기준으로 도함수 $f'(x)$의 함숫값의 부호가 변화합니다.

> 미분가능한 함수 $f(x)$가 $f'(a)=0$이고 $x=a$의 좌우에서 $f'(x)$의 부호가 +에서 - 로 바뀌면 $f(x)$는 $x=a$에서 극대이고, $f'(x)$의 부호가 - 에서 +로 바뀌면 $f(x)$는 $x=a$에서 극소이다.

따라서 $f(x)$의 증가와 감소에 따라 $g(t)$를 각각의 구간에서 $f(t)$에 대해 나타내는 것이 바람직합니다.

> 함수 $f(x)$가 닫힌구간 $[a,\ b]$에서 연속이고 열린구간 $(a,\ b)$에서 미분가능하며
> 열린구간 $(a,\ b)$의 모든 x에 대하여 $f'(x)>0$이면 함수 $f(x)$는 닫힌구간 $[a,\ b]$에서 증가한다.
> 열린구간 $(a,\ b)$의 모든 x에 대하여 $f'(x)<0$일 때 닫힌구간 $[a,\ b]$에서 감소한다.

이때 $\alpha-1\le t\le\alpha$에서 함수 $g(t)$가 극값을 가짐을 주의합시다.

> 극댓값과 극솟값의 정의에 따라서 상수함수는 모든 실수에서 극값을 갖는다.

한편 근과 계수의 관계에서 방정식 $f(x)=f(6)$의 서로 다른 세 실근의 합과 방정식 $f(x)=0$의 서로 다른 세 자연수 근의 합이 동일하므로 방정식 $f(x)=f(6)$의 서로 다른 세 실근의 합 또한 정수가 됨을 확인하는 것이 바람직합니다. 이때 인수정리를 활용하여 $f(x)$를 나타낼 수 있습니다.

> 다항식 $P(x)$를 일차식 $x-\alpha$로 나누어떨어지면 $P(\alpha)=0$이다. 또 $P(\alpha)=0$이면 $P(x)$가 $x-\alpha$로 나누어떨어진다.

> 다항식 $f(x)=a_nx^n+a_{n-1}x^{n-1}+\cdots+a_1x+a_0$의 모든 근을 중복을 포함하여
> $\alpha_1,\ \alpha_2,\ \cdots,\ \alpha_{n-1},\ \alpha_n$으로 나타낼 때, 식 $f(x)=a_n(x-\alpha_1)(x-\alpha_2)\cdots(x-\alpha_{n-1})(x-\alpha_n)$이
> 항등식이므로 계수비교법을 통하여 근과 계수의 관계를 확인할 수 있다.
> 가령 삼차함수 $f(x)=ax^3+bx^2+cx+d$의 세 근을 $\alpha,\ \beta,\ \gamma$라 하면 식
> $a\left(x^3+\dfrac{b}{a}x^2+\dfrac{c}{a}x+\dfrac{d}{a}\right)=a\{x^3-(\alpha+\beta+\gamma)x^2+(\alpha\beta+\beta\gamma+\gamma\alpha)x-\alpha\beta\gamma\}$은 항등식이다.
> 따라서 $\alpha+\beta+\gamma=-\dfrac{b}{a},\ \alpha\beta+\beta\gamma+\gamma\alpha=\dfrac{c}{a},\ \alpha\beta\gamma=-\dfrac{d}{a}$가 성립한다. (이는 $\alpha,\ \beta,\ \gamma$가 실수임을 보장하지 않는다는 점에서 주의해야하며, $f(x)$가 삼차함수라 하였으므로 $a\neq0$임이 보장된다.)

마지막으로 삼차함수의 그래프는 항상 변곡점을 가지며 이 변곡점에 대해 점대칭임을 이용하여 방정식 $f(x)-f(6)=c$ (단, c는 0이 아닌 상수)가 서로 다른 세 자연수근만을 갖는 경우를 발견할 수 있습니다.

> 변곡점은 함수의 그래프의 오목성과 볼록성이 바뀌는 점이다. 모든 삼차함수는 변곡점을 가지고 있으며, 삼차함수 $f(x)=ax^3+bx^2+cx+d$에 대하여 도함수 $f'(x)=3ax^2+2bx+c$가 이차함수이고 대칭축 $x=-\dfrac{b}{3a}$에서 극값을 가지므로 삼차함수 $f(x)$의 변곡점의 좌표는 $\left(-\dfrac{b}{3a},\ f\left(\dfrac{b}{3a}\right)\right)$이다.
> $f(x)=\displaystyle\int f'(x)dx$이고 도함수 $f'(x)=3ax^2+2bx+c$의 그래프가 $x=-\dfrac{b}{3a}$을 기준으로 대칭을 이루므로 삼차함수 $y=f(x)$의 그래프는 변곡점에 대해 대칭이다.

23. 다항식 $(x^2+2)^6$의 전개식에서 x^8의 계수는? [2점]

① 30　② 40　③ 50　④ 60　⑤ 70

해설

6번의 시행에서 x^2 항을 4번, 상수항을 2번 곱한 경우 x^8의 항이 생긴다.

즉 ${}_6\mathrm{C}_4 \times (x^2)^4 \times 2^2 = 60x^8$에서 x^8의 계수는 60이다.

---

24. 두 사건 A, B는 서로 배반사건이고

$$\mathrm{P}(A^C)=\frac{2}{3},\ \mathrm{P}(A^C \cap B^C)=\frac{1}{2}$$

일 때, $\mathrm{P}(B)$의 값은? [3점]

① $\frac{1}{6}$　② $\frac{1}{3}$　③ $\frac{1}{2}$　④ $\frac{2}{3}$　⑤ $\frac{5}{6}$

해설

$\mathrm{P}(A)=1-\mathrm{P}(A^C)=\frac{1}{3}$, $\mathrm{P}(A\cup B)=1-\mathrm{P}(A^C \cap B^C)=\frac{1}{2}$에서 $\mathrm{P}(B)=\mathrm{P}(A\cup B)-\mathrm{P}(A)=\frac{1}{2}-\frac{1}{3}=\frac{1}{6}$이다.

---

25. 확률변수 X가 이항분포 $\mathrm{B}(n,\ p)$을 따르고 $\mathrm{E}(7X+1)=6$, $\mathrm{V}(7X+1)=30$일 때 n의 값은? [3점]

① 5　② 6　③ 7　④ 8　⑤ 9

해설

$\mathrm{E}(7X+1)=7\mathrm{E}(X)+1=6$, $\mathrm{V}(7x+1)=7^2\mathrm{V}(X)=30$에서 $\mathrm{E}(X)=\frac{5}{7}$, $\mathrm{V}(X)=\frac{30}{49}$이다.

이때 $np=\frac{5}{7}$, $np(1-p)=\frac{30}{49}$에서 $1-p=\frac{6}{7}$이므로 $p=\frac{1}{7}$이고 $n=5$이다.

---

26. 숫자 2, 3, 4, 5, 6 중 서로 다른 3개를 택해 곱하여 만들 수 있는 모든 자연수 중 하나를 선택할 때, 4의 배수가 선택될 확률은? [3점]

① $\frac{11}{18}$ ② $\frac{2}{3}$ ③ $\frac{13}{18}$ ④ $\frac{7}{9}$ ⑤ $\frac{5}{6}$

해설

숫자 2, 3, 4, 5, 6 중 서로 다른 3개를 택하는 경우의 수는 ${}_5\mathrm{C}_3 = 10$이다.

이때 서로 다른 두 경우 $\{a,\ b,\ c\}$, $\{a',\ b',\ c'\}$ $(a < b < c,\ a' < b' < c')$에 대해 $abc = a'b'c'$을 만족하는 경우가 존재하는지 고려해보자.

집합 $\{a,\ b,\ c\} \cap \{a',\ b',\ c'\}$의 원소의 개수가 2인 경우 남은 한 원소가 서로 다를 것이므로 주어진 조건을 만족하지 않는다.

집합 $\{a,\ b,\ c\} \cap \{a',\ b',\ c'\}$의 원소의 개수가 0인 경우 주어진 숫자의 개수가 5이므로 주어진 조건을 만족하지 않는다.

따라서 $abc = a'b'c'$이면 집합 $\{a,\ b,\ c\} \cap \{a',\ b',\ c'\}$의 원소의 개수가 1이다. 이때 $c = c'$이라 하면 $ab = a'b'$ $(a \neq a',\ b \neq b')$이다.

이를 만족하는 순서쌍 $(a,\ b,\ a',\ b')$은 $(2,\ 6,\ 3,\ 4)$ 뿐이며 이때 $c = c' = 5$인 경우다.

따라서 숫자 2, 3, 4, 5, 6 중 서로 다른 3개를 택해 곱하여 만들 수 있는 모든 자연수의 개수는 $10 - 1 = 9$이다.

이때 자연수 중 4의 배수가 아닌 경우의 수는 3과 5를 선택하고 4의 배수가 아닌 두 짝수 2, 6 중 하나를 선택하는 경우의 수이므로 2이다.

따라서 4의 배수가 선택될 확률은 $1 - \frac{2}{9} = \frac{7}{9}$이다.

---

27. 표준편차가 5인 정규분포를 따르는 모집단에서 크기가 n인 표본을 임의추출하여 얻은 표본평균을 이용하여 구하는 모평균 m에 대한 신뢰도 95%의 신뢰구간이 $a \leq m \leq b$이다. $b - a$의 값이 1 이하가 되기 위한 자연수 n의 최솟값은? (단, Z가 표준정규분포를 따르는 확률변수일 때, $\mathrm{P}(|Z| \leq 1.96) = 0.95$로 계산한다.) [3점]

① 375 ② 380 ③ 385 ④ 390 ⑤ 395

해설

크기가 n인 표본을 임의추출하여 얻은 표본평균을 $\overline{x}$라 할 때 모평균 m에 대한 신뢰도 95%의 신뢰구간은 $\overline{x} - 1.96\frac{5}{\sqrt{n}} \leq m \leq \overline{x} + 1.96\frac{5}{\sqrt{n}}$이다. 즉 $b - a = 2 \times 1.96 \times \frac{5}{\sqrt{n}} \leq 1$이다.

$n \geq 19.6^2 = 384.16$이므로 주어진 조건을 만족하는 자연수 n의 최솟값은 385이다.

(이때 $19.6^2 = (20 - 0.4)^2 = 20^2 - 2 \times 20 \times 0.4 + 0.4^2 = 400 - 16 + 0.16 = 384.16$이다.)

---

28. 문자 a, b, c 중에서 중복을 허락하여 문자 a와 문자 b를 적어도 한 개씩 포함하여 5개를 택해 일렬로 나열하여 만들 수 있는 문자열 중에서 임의로 하나를 선택할 때, $cacab$, $aabbb$와 같이 모든 문자 a가 모든 문자 b의 앞에 나열되는 문자열이 선택될 확률은? [4점]

① $\frac{4}{15}$ ② $\frac{49}{180}$ ③ $\frac{5}{18}$ ④ $\frac{51}{180}$ ⑤ $\frac{13}{45}$

해설

a와 b를 모두 x라 표기할 때 x와 c를 중복을 허락하며 x를 적어도 두 개 이상 포함하여 5개를 택해 일렬로 나열할 수 있는 문자열에 대해 문자열이 a와 b를 적어도 한 개씩 포함해야 하므로 x에 a 또는 b를 중복을 허용하여 만든 순열 중 x가 모두 a인 경우와 x가 모두 b인 경우를 제외하면 표본공간의 경우의 수에 해당한다.

이러한 문자열에서 x에 대해 a에서 b로의 전환 지점을 고르는 경우의 수를 고려하면 주어진 사건의 경우의 수에 해당한다. 예를 들어 문자열 $ccxxx$에서 x에 대해 a에서의 b로의 전환 지점은 3번째 문자와 4번째 문자 사이 (이 경우 $ccabb$가 된다.) 또는 4번째 문자와 5번째 문자 사이 (이 경우 $ccaab$가 된다.)로 두 개가 존재한다.

① x가 5개, c가 0개 포함된 경우

x와 c를 배열하는 경우의 수는 ${}_5C_5=1$이며 x만을 고려하였을 때 가능한 순열의 개수는 2^5-2이다.

즉 표본 공간에서 x가 5개, c가 0개 포함된 경우의 수는 30이다.

이때 가능한 전환 지점은 4개가 존재하므로 조건을 만족하는 문자열의 개수는 $1\times4=4$이다.

② x가 4개, c가 1개 포함된 경우

x와 c를 배열하는 경우의 수는 ${}_5C_4=5$이며 x만을 고려하였을 때 가능한 순열의 개수는 2^4-2이다.

즉 표본 공간에서 x가 4개, c가 1개 포함된 경우의 수는 $5\times14=70$이다.

이때 가능한 전환 지점은 3개가 존재하므로 조건을 만족하는 문자열의 개수는 $5\times3=15$이다.

③ x가 3개, c가 2개 포함된 경우

x와 c를 배열하는 경우의 수는 ${}_5C_3=10$이며 x만을 고려하였을 때 가능한 순열의 개수는 2^3-2이다.

즉 표본 공간에서 x가 3개, c가 2개 포함된 경우의 수는 $10\times6=60$이다.

이때 가능한 전환 지점은 2개가 존재하므로 조건을 만족하는 문자열의 개수는 $10\times2=20$이다.

④ x가 2개, c가 3개 포함된 경우

x와 c를 배열하는 경우의 수는 ${}_5C_2=10$이며 x만을 고려하였을 때 가능한 순열의 개수는 2^2-2이다.

즉 표본 공간에서 x가 2개, c가 3개 포함된 경우의 수는 $10\times2=20$이다.

이때 가능한 전환 지점은 1개가 존재하므로 조건을 만족하는 문자열의 개수는 $10\times1=10$이다.

따라서 조건을 만족하는 문자열의 개수는 $4+15+20+10=49$이므로 구하는 값은 $\frac{49}{180}$이다.

한편 표본 공간의 경우의 수는 다음과 같은 방법으로도 구할 수 있다.

문자 a, b, c 중에서 중복을 허락하여 일렬로 나열하여 만들 수 있는 문자열의 개수는 $3^5 = 243$이다.

이 중 문자 a를 포함하지 않는 문자열의 개수는 $2^5 = 32$이며, 문자 b를 포함하지 않는 문자열의 개수 또한 동일하게 32이다. 한편 문자열 $ccccc$는 두 경우 모두에서 고려되었으므로 표본공간의 경우의 수는 $243-(32+32)+1=180$이다.

comment

모든 문자 a가 모든 문자 b의 앞에 나열되는 문자열은 a와 b를 같은 문자 x로 취급한 이후 가능한 문자열의 개수를 세는 것이 바람직합니다.

이때 x와 c의 개수에 따라 경우를 나누어 각각의 경우의 수는 조합을 통해 셀 수 있습니다.

> 일반적으로 서로 다른 n개에서 $r(0 < r \le n)$개를 택하는 것을 n개에서 r개를 택하는 조합이라고 하며, 이 조합의 수를 기호로 ${}_n\mathrm{C}_r$와 같이 나타낸다.

한편 x에서 a와 b를 선택하는 사건은 5개의 문자 중 x 또는 c를 선택하는 사건과 동시에 일어나는 사건이므로 이때 곱의 법칙을 이용하여 각각의 경우의 수를 구할 수 있습니다.

> 두 사건 P, Q에 대하여 두 사건 P, Q가 동시에 일어나는 경우의 수는 (사건 P가 일어나는 경우의 수) $\times$ (그 각각에 대하여 사건 Q가 일어나는 경우의 수)이고, 이를 곱의 법칙이라고 한다.

마지막으로 표본 공간의 경우의 수는 곱의 법칙, 즉 중복순열을 이용하여 구할 수 도 있습니다.

이때 특정한 문자를 포함하지 않는 문자열의 개수를 여사건으로 고려하여 제외해야 합니다.

> 서로 다른 n개에서 중복을 허용하여 r개를 택해서 일렬로 배열할 때, 각 자리에 올 수 있는 경우의 수는 각각 n이므로 곱의 법칙에 의하여 ${}_n\Pi_r = n^r$이다.

따라서 주어진 조건을 만족할 확률은 조건부확률의 정의를 이용하여 구할 수 있습니다.

> 사건 A가 일어났다고 가정할 때 사건 B가 일어날 확률은 사건 A가 일어났을 때의 사건 B의 조건부확률이라고 하며, 이것을 기호로 $\mathrm{P}(B|A)$와 같이 나타낸다. 이때 $\mathrm{P}(B|A)=\dfrac{n(A\cap B)}{n(A)}$이다.

---

29. 집합 $X=\{1,\ 2,\ 3,\ 4,\ 5,\ 6\}$에 대하여 다음 조건을 만족시키는 함수 $f : X \to X$의 개수를 구하시오. [4점]

> (가) 5 이하의 자연수 x에 대하여 $f(x+1) \ge f(x)$이다.
> (나) 함수 $f(x)$의 치역의 원소의 개수는 4이다.
> (다) $f(6) > 4$

해설

함수 f가 조건 (가)와 조건 (나)를 만족하는 경우의 수는 다음과 같다.

치역의 원소를 고르는 경우의 수는 집합 X의 원소 6개 중 4개를 고르는 경우의 수이므로 ${}_6\mathrm{C}_4$이다.

이때 고른 네 원소를 a, b, c, d라 할 때 방정식 $f(x)=t$ $(t=a,\ b,\ c,\ d)$의 해가 적어도 한 개 씩 존재하므로 $a+b+c+d=6$ $(a\geq 1,\ b\geq 1,\ c\geq 1,\ d\geq 1)$을 만족하는 순서쌍 $(a,\ b,\ c,\ d)$의 개수는 $a'+b'+c'+d'=2$ $(a'\geq 0,\ b'\geq 0,\ c'\geq 0,\ d'\geq 0)$을 만족하는 순서쌍 $(a',\ b',\ c',\ d')$의 개수와 동일하다. 따라서 조건 (가)와 조건 (나)를 만족하는 경우의 수는 ${}_6\mathrm{C}_4\times{}_4\mathrm{H}_2=15\times 10=150$이다.

한편 치역의 원소의 개수가 4이며 치역의 원소 중 가장 큰 값이 $f(6)$이므로 $f(6)\geq 4$이다.

따라서 조건 (다)를 만족하지 않는 경우인 $f(6)=4$인 경우를 제외하자.

이는 정의역의 원소를 구분하는 구분선 5개 중 함숫값이 변화하는 지점을 구분하는 구분선 3개를 고르는 경우의 수와 동일하므로 ${}_5\mathrm{C}_3=10$이다.

(정의역의 원소를 구분하는 구분선은 $f(1)\leq f(2)\leq\ \cdots\ \leq f(5)\leq f(6)$에서 '$\leq$'에 해당한다.)

따라서 $150-10=140$이다.

comment

조건 (가)와 조건 (나)를 만족하는 함수 $f : X\rightarrow X$의 개수는 치역의 원소를 고르는 경우의 수를 구한 이후 각각의 치역의 원소에 대해 중복을 허용하여 만든 조합의 경우의 수를 곱한 것과 동일합니다.

이때 치역의 원소를 고르는 경우의 수는 중복을 허용하지 않고 택하는 경우의 수이므로 조합을 이용하여 구할 수 있습니다.

> 일반적으로 서로 다른 n개에서 r $(0<r\leq n)$개를 택하는 것을 n개에서 r개를 택하는 조합이라고 하며, 이 조합의 수를 기호로 ${}_n\mathrm{C}_r$와 같이 나타낸다.

각각의 치역의 원소에 대해 중복을 허용하여 만든 조합의 경우의 수는 중복조합을 이용하여 구할 수 있습니다.

> 서로 다른 n개에서 중복을 허용하여 r개를 택하는 경우의 수는 r개의 문자들과 각 문자를 구분하는 구분선 $n-1$개를 배열하는 같은 것이 있는 순열의 수와 같으므로 ${}_n\mathrm{H}_r={}_{n+r-1}\mathrm{C}_r$이다.

두 사건은 동시에 일어나는 사건이므로 이때 곱의 법칙을 이용하여 경우의 수를 구할 수 있습니다.

> 두 사건 P, Q에 대하여 두 사건 P, Q가 동시에 일어나는 경우의 수는 (사건 P가 일어나는 경우의 수) $\times$ (그 각각에 대하여 사건 Q가 일어나는 경우의 수)이고, 이를 곱의 법칙이라고 한다.

이때 조건 (다)를 $f(6)=4$가 되는 사건을 여사건으로 고려하는 것이 바람직합니다.

30. 네 자연수 a, b, c, d가 다음 조건을 만족할 때 $a+b+c+d$의 최솟값을 구하시오. [4점]

> (가) $a < b < c$
>
> (나) 연속확률변수 X의 확률밀도함수가 $f(x)=\frac{1}{2}|x-a|+\frac{1}{2}|x-b|-d$ $(0 \le x \le c)$이다.

해설

$$f(x)=\begin{cases} -x+\frac{a+b}{2}-d\ (0 \le x \le a) \\ \frac{b-a}{2}-d \qquad (a < x < b) \\ x-\frac{a+b}{2}-d\ \ (b \le x \le c) \end{cases}$$ 에서 $$f(x)-\left(\frac{b-a}{2}-d\right)=\begin{cases} -x+a\ (0 \le x \le a) \\ 0 \qquad (a < x < b) \\ x-b \quad (b \le x \le c) \end{cases}$$ 이다.

이때 $\int_0^c f(x)-\left(\frac{b-a}{2}-d\right)dx=\int_0^a(-x+a)dx+\int_b^c(x-b)dx=\frac{1}{2}a^2+\frac{1}{2}(c-b)^2$이다.

한편 $a \ge 1$이고 $c > b$에서 $c-b \ge 1$이므로 $\frac{1}{2}a^2 \ge \frac{1}{2}$, $\frac{1}{2}(c-b)^2 \ge \frac{1}{2}$이다.

이때 $\mathrm{P}(a < X < b)=\frac{b-a}{2}-d \ge 0$이므로 $\int_0^c f(x)-\left(\frac{b-a}{2}-d\right)dx \le \int_0^c f(x)dx=1$이다.

따라서 $\frac{1}{2}a^2=\frac{1}{2}$, $\frac{1}{2}(c-b)^2=\frac{1}{2}$, $\frac{b-a}{2}-d=0$이다. $\therefore a=1$, $c-b=1$, $b-a=2d$

즉 $a=1$, $b=2d+1$, $c=2d+2$에서 $a+b+c+d=5d+4$이므로 $d=1$일 때 최솟값 9를 갖는다.

comment

연속확률변수 X의 확률밀도함수는 주어진 구간에서 정적분 값이 1임을 활용하여야 합니다.

> 연속확률변수 X의 확률밀도함수 $y=f(x)$ $(\alpha \le x \le \beta)$에 대하여 $f(x) \ge 0$, $\int_\alpha^\beta f(x)dx=1$,
>
> $\alpha \le a \le b \le \beta$인 두 상수 a, b에 대하여 $\mathrm{P}(a \le X \le b)=\int_a^b f(x)dx$와 같은 성질이 성립한다.

이때 $f(x)$가 구간별로 주어진 함수이므로 각각의 구간에서 정적분 값을 넓이로 해석하여 각각의 값을 구할 수 있습니다.

> 세 실수 a, b, c를 포함하는 구간에서 $f(x)$가 연속일 때, $\int_a^b f(x)dx=\int_a^c f(x)dx+\int_c^b f(x)dx$이다.

> 함수 $f(x)$가 닫힌구간 $[a, b]$에서 연속일 때, 곡선 $y=f(x)$와 x축 및 두 직선 $x=a$, $x=b$로 둘러싸인 도형의 넓이 S는 $S=\int_a^b|f(x)|dx$이다.

한편 a, b, c, d가 자연수이므로 각각의 값이 1 이상임을 유의합시다.

a, b, c, d를 d에 대해 정리하는 경우 d가 최소일 때 $a+b+c+d$가 최솟값을 가집니다.

미적분

23. $\lim_{x \to 0} \frac{\ln(1+x)}{\ln(1+7x)}$의 값은? [2점]

① $\frac{1}{7}$ ② $\frac{\sqrt{7}}{7}$ ③ 1 ④ $\sqrt{7}$ ⑤ 7

해설

$$\lim_{x \to 0} \frac{\ln(1+x)}{\ln(1+7x)} = \lim_{x \to 0}\left(\frac{\ln(1+x)}{x} \times \frac{x}{7x} \times \frac{7x}{\ln(1+7x)}\right) = \frac{1}{7}$$

---

24. 매개변수 t로 나타내어진 곡선 $x = e^t + 1$, $y = t^3$에서 $t = 1$일 때, $\frac{d^2y}{dx^2}$의 값은? [3점]

① $\frac{3}{e^2}$ ② $\frac{4}{e^2}$ ③ $\frac{5}{e^2}$ ④ $\frac{6}{e^2}$ ⑤ $\frac{7}{e^2}$

해설

$\frac{dx}{dt} = e^t$, $\frac{dy}{dt} = 3t^2$, $\frac{dy}{dx} = \frac{3t^2}{e^t}$에서 $\frac{d^2y}{dx^2} = \frac{d}{dx}\left(\frac{dy}{dx}\right) = \frac{dt}{dx} \times \frac{d}{dt}\left(\frac{dy}{dx}\right) = \frac{1}{e^t} \times \frac{d}{dt}\left(\frac{3t^2}{e^t}\right) = \frac{6t - 3t^2}{e^{2t}}$이다.

따라서 $t = 1$일 때 $\frac{d^2y}{dx^2} = \frac{3}{e^2}$이다.

---

25. 첫째항이 1인 등비수열 $\{a_n\}$에 대하여 급수 $\sum_{n=1}^{\infty} a_n$은 수렴한다.

$\sum_{n=1}^{\infty} a_{3n-1}$이 최소일 때 $\frac{\sum_{n=1}^{\infty} a_{3n-1}}{a_2}$의 값은? [3점]

① $\frac{1}{2}$ ② $\frac{2}{3}$ ③ $\frac{5}{6}$ ④ 1 ⑤ $\frac{7}{6}$

해설

급수 $\sum_{n=1}^{\infty} a_n$이 수렴하므로 수열 $\{a_n\}$의 등비를 r이라 할 때 $-1 < r < 1$이다.

$\sum_{n=1}^{\infty} a_{3n-1} = \frac{r}{1-r^3}$에서 $\frac{r}{1-r^3} = f(r)$이라 하자. $f'(r) = \frac{1}{1-r^3} + r \times \left(-\frac{-3r^2}{(1-r^3)^2}\right) = \frac{(1-r^3)+3r^3}{(1-r^3)^2}$에서

$2r^3 + 1 = 0$일 때, 즉 $r = -\frac{1}{\sqrt[3]{2}}$에서 극솟값을 가지며 이때 $\frac{\sum_{n=1}^{\infty} a_{3n-1}}{a_2} = \frac{f(r)}{r} = \frac{1}{1-r^3} = \frac{2}{3}$이다.

---

26. 그림과 같이 곡선 $y=\sqrt{(\sec x+2\tan x)\sec x}$ $\left(0\le x\le \frac{\pi}{3}\right)$와 x축, y축 및 직선 $x=\frac{\pi}{3}$로 둘러싸인 부분을 밑면으로 하는 입체도형이 있다. 이 입체도형을 x축에 수직인 평면으로 자른 단면이 모두 정사각형일 때, 이 입체도형의 부피는? [3점]

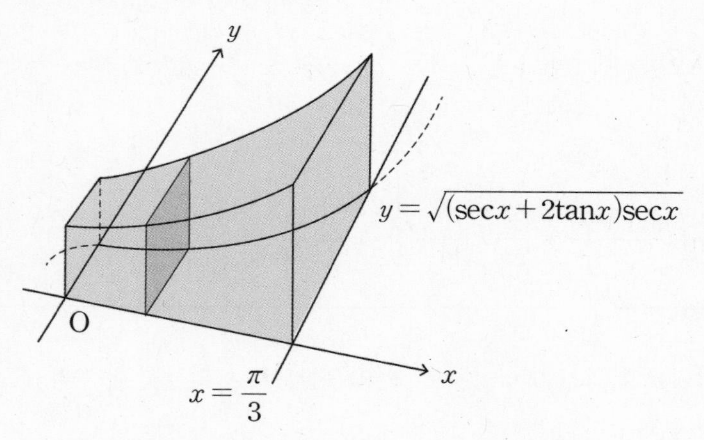

① $\sqrt{3}-2$ ② $\sqrt{3}-1$ ③ $\sqrt{3}$ ④ $\sqrt{3}+1$ ⑤ $\sqrt{3}+2$

해설

$$\int_0^{\frac{\pi}{3}} y^2dx=\int_0^{\frac{\pi}{3}}(\sec x+2\tan x)\sec x dx=\int_0^{\frac{\pi}{3}}\sec^2 x+2\sec x\tan x dx=\int_0^{\frac{\pi}{3}}\sec^2 x dx+2\int_0^{\frac{\pi}{3}}\sec x\tan x dx$$

$$=[\tan x]_0^{\frac{\pi}{3}}+2[\sec x]_0^{\frac{\pi}{3}}=(\sqrt{3}-0)+2(2-1)=\sqrt{3}+2$$

---

27. 실수 전체의 집합에서 미분가능한 함수 $f(x)$가 모든 실수 x에 대하여 $\ln f(x)+c\int_0^x f(t)e^t dt=0$이고 $f(-x)=f(x)e^x$이다. $f(-1)$의 값은? (단, c는 0이 아닌 상수이다.) [3점]

① $\frac{e}{2(e+1)}$ ② $\frac{e}{e+1}$ ③ $\frac{3e}{2(e+1)}$ ④ $\frac{2e}{e+1}$ ⑤ $\frac{5e}{2(e+1)}$

해설 1

모든 실수 x에 대하여 $\ln f(x)$가 존재하므로 $f(x)>0$이고 $x=0$에서 $\ln f(0)=0$이므로 $f(0)=1$이다.

이때 $\ln f(x)+c\int_0^x f(t)e^t dt=0$에서 양변을 미분하면 $\frac{f'(x)}{f(x)}+cf(x)e^x=\frac{f'(x)}{f(x)}+cf(-x)=0$이다.

$f'(x)=-cf(x)f(-x)$에서 x에 $-x$를 대입했을 때 $f'(-x)=-cf(-x)f(x)=f'(x)$이므로

$f(x)+f(-x)=2f(0)=2$이다. 이때 $f(-x)=2-f(x)=f(x)e^x$이다. 즉 $f(x)=\frac{2}{1+e^x}$이다.

$\therefore f(-1)=\frac{2e}{e+1}$

해설 2

모든 실수 x에 대하여 $\ln f(x)$가 존재하므로 $f(x)>0$이고 $x=0$에서 $\ln f(0)=0$이므로 $f(0)=1$이다.

이때 $\ln f(x)+c\int_0^x f(t)e^t dt=0$에서 양변을 미분하면 $\frac{f'(x)}{f(x)}+cf(x)e^x=\frac{f'(x)}{f(x)}+cf(-x)=0$이다.

즉 $\frac{f'(x)}{f(x)}=-cf(x)e^x$에서 $\frac{f'(x)}{\{f(x)\}^2}=-ce^x=\left(-\frac{1}{f(x)}\right)'$이므로 $\frac{1}{f(x)}=ce^x+C$이다. (단, C는 적분상수)

이때 $f(0)=1$에서 $C=1-c$이므로 $f(x)=\frac{1}{ce^x+(1-c)}$이다.

또한 $f(-x)=f(x)e^x$에서 $f(-x)=\frac{e^x}{ce^x+(1-c)}$이므로

x에 $-x$를 대입했을 때 $f(x)=\frac{e^{-x}}{ce^{-x}+(1-c)}=\frac{1}{c+(1-c)e^x}$이다.

따라서 x에 대한 등식 $\frac{1}{ce^x+(1-c)}=\frac{1}{c+(1-c)e^x}$이 항등식이므로 $1-2c=(1-2c)e^x$에서 $c=\frac{1}{2}$이다.

$\therefore\ f(x)=\frac{2}{e^x+1}$, $f(-1)=\frac{2e}{e+1}$

---

28. 양의 실수 전체의 집합에서 정의된 함수 $f(x)=\begin{cases}\sqrt{\frac{1-x}{x}} & (0<x\le 1)\\ f(x-1) & (x>1)\end{cases}$에 대하여

함수 $y=f(x)$의 그래프와 $y=e^x$의 그래프가 만나는 모든 점의 x좌표를 작은 수부터 크기 순으로 나열할 때 n번째 수를 a_n이라 하자. $\lim_{n\to\infty}\alpha n+\ln(a_n-n+1)=\beta$일 때 $\alpha+\beta$의 값은?

(단, α, β는 상수이다.) [4점]

① 2　　② $\frac{5}{2}$　　③ 3　　④ $\frac{7}{2}$　　⑤ 4

해설

$0<x\le 1$에서 $f'(x)=\frac{1}{2}\left(\frac{1-x}{x}\right)^{-\frac{1}{2}}\times(-x^{-2})$이고 $\lim_{x\to 0+}f(x)=\infty$이다.

즉 임의의 자연수 n에 대하여 $\lim_{x\to n-1+}f(x)=\infty$이고 $n-1<x<n$에서 $f(x)$는 감소하며

e^x는 증가하므로 $n-1<a_n<n$이다. 이때 $a_n-(n-1)=b_n$이라 하면 $0<b_n<1$이다.

$e^{a_n}=f(a_n)$에서

$e^{a_n}=\sqrt{\frac{n-a_n}{a_n-(n-1)}}$, $e^{b_n+n-1}=\sqrt{\frac{1-b_n}{b_n}}$, $e^{2b_n+2(n-1)}=\frac{1-b_n}{b_n}$, $e^{-2b_n-2(n-1)}=\frac{b_n}{1-b_n}$

이다. 이때 $e^{-2n}<e^{-2b_n-2(n-1)}<e^{-2(n-1)}$이므로 $\lim_{n\to\infty}e^{-2b_n-2(n-1)}=0$이다.

$\lim_{n\to\infty}b_n=c\ (0<c<1)$이면 $\lim_{n\to\infty}\frac{b_n}{1-b_n}=\frac{c}{1-c}\neq 0$이므로 $n\to\infty$에서 b_n의 극한값도 0으로 수렴한다.

한편 $e^{2b_n+2(n-1)}=\frac{1-b_n}{b_n}$에서 $2b_n+2(n-1)=\ln(1-b_n)-\ln b_n$, $2n+\ln b_n=\ln(1-b_n)-2b_n+2$이다.

따라서 $\lim_{n\to\infty} 2n+\ln(a_n-n+1)=\lim_{n\to\infty} 2n+\ln(b_n)=\lim_{n\to\infty}\ln(1-b_n)-2b_n+2=2$이다.

$\therefore \alpha=2,\ \beta=2,\ \alpha+\beta=4$

comment

우선 $f(x)$의 도함수를 구하여 곡선 $y=f(x)$의 개형을 관찰해야 합니다.

이때 n의 값에 따른 a_n의 범위와 $e^{a_n}=f(a_n)$에서 a_n과 n의 관계식을 관찰할 수 있습니다.

> 일반적으로 수열 $\{a_n\}$에서 n의 값이 한없이 커질 때, 일반항 a_n의 값이 어떤 실수 α에 한없이 가까워지면 수열 $\{a_n\}$이 α에 수렴한다고 한다. 이때 α를 수열 $\{a_n\}$의 극한값 또는 극한이라고 하며, 이것을 기호로 $\lim_{n\to\infty}a_n=\alpha$ 또는 $n\to\infty$일 때 $a_n\to\alpha$와 같이 나타낸다.

$\lim_{n\to\infty}e^{-n}=0$과 b_n의 범위를 통해 수열 $\{b_n\}$이 수렴하는 것을 확인할 수 있습니다.

> 두 실수 α, β와 두 함수 $f(x)$, $g(x)$에 대하여 $\lim_{x\to a}f(x)=\alpha$, $\lim_{x\to a}g(x)=\beta$일 때,
> a에 가까운 모든 실수 x에 대하여 $f(x)\le g(x)$이면 $\alpha\le\beta$이고, 따라서 함수 $h(x)$에 대하여 $f(x)\le h(x)\le g(x)$이고, $\alpha=\beta$이면 $\lim_{x\to a}h(x)=\alpha$이다.

마지막으로 b_n과 n의 관계식에서 좌변이 $\alpha n+\ln b_n$의 형태가 되도록 다른 항을 이항하여 조절한 이후 극한값 $\lim_{n\to\infty}\alpha n+\ln b_n$을 구하여 α와 β의 값을 각각 구할 수 있습니다.

---

29. 두 자연수 a, b에 대해 함수 $f(x)=(x-a)e^{-\frac{1}{4}(x-b)^2}$가 다음 조건을 만족할 때 a의 값을 구하시오. [4점]

> (가) 함수 $f(x)$는 서로 다른 두 자연수에서 극값을 가지며 이때 두 극값의 합은 음수이다.
> (나) $f'(5)$와 $f'(6)$의 값은 양수이다.

해설

$f'(x)=e^{-\frac{1}{4}(x-b)^2}+(x-a)e^{-\frac{1}{4}(x-b)^2}\times\left(-\frac{1}{2}(x-b)\right)=\left\{-\frac{1}{2}(x-a)(x-b)+1\right\}e^{-\frac{1}{4}(x-b)^2}$이므로

$f'(x)=0$일 때 $(x-a)(x-b)=2$이며 도함수의 서로 다른 두 자연수근을 p, q $(p<q)$라 하자.

근과 계수의 관계에서 $p+q=a+b$, $pq=ab-2$이며 $b=(p+q)-a$에서 $pq=a\{(p+q)-a\}-2$이다.

이때 $a^2-(p+q)a+pq=(a-p)(a-q)=-2$이다.

$a-q<a-p$이고 두 값 모두 정수이므로 $a-q=-2$, $a-p=1$ 또는 $a-q=-1$, $a-p=2$이다.

$a-q=-2$, $a-p=1$인 경우 $a=p+1$, $b=p+2$, $q=p+3$이다.

이때 $f(p)=-e^{-1}$, $f(q)=2e^{-\frac{1}{4}}$이며 $-e^{-1}>-1$이고 $2e^{-\frac{1}{4}}>1$ ($\because$ $e<16$)이므로 $f(p)+f(q)>0$이다.
따라서 $a-q=-1$, $a-p=2$이며 이 경우 $a=p+2$, $b=p+1$, $q=p+3$이다.

이 경우 $f(p)=-2e^{-\frac{1}{4}}$, $f(q)=e^{-1}$에서 위와 동일하게 $f(p)+f(q)<0$임을 확인할 수 있다.
한편 열린구간 $(p,\ q)$에서 $f'(x)>0$이다.
즉 조건 (나)에서 열린구간 $(p,\ q)=(p,\ p+3)$에 5와 6이 속하므로 자연수 p의 값은 4이다.
$\therefore\ a=p+2=6$

comment

우선 곱의 미분법을 활용하여 $f(x)$의 도함수를 구하여 곡선 $y=f(x)$의 개형을 관찰해야 합니다.

이때 합성함수의 미분법을 활용하여 $e^{-\frac{1}{4}(x-b)^2}$의 도함수를 구할 수 있습니다.

> 미분가능한 두 함수 $f(x)$, $g(x)$에 대하여 합성함수 $f(g(x))$의 도함수는 $\frac{dy}{dx}=f'(g(x))g'(x)$이다.

이때 도함수의 실근을 p, q라 정의할 때 a, b와 p, q의 관계식은 근과 계수의 관계를 통해 구하는 것이 바람직합니다.

> 계수가 실수인 이차방정식 $ax^2+bx+c=0$의 두 근을 α, β라고하면 $\alpha+\beta=-\frac{b}{a}$, $\alpha\beta=\frac{c}{a}$이다.

이때 가능한 두 경우에 대하여 극댓값의 절댓값과 극솟값의 절댓값을 비교하여 가능한 경우를 확인할 수 있습니다.
마지막으로 미분계수의 부호는 최고차항의 계수가 음수인 이차함수의 함숫값의 부호 변화를 관찰하는 것이 바람직합니다. 이때 열린구간 $(p,\ q)$에 5와 6이 속한다고 해석해야 합니다.

> 이차부등식 $ax^2+bx+c>0$의 해는 이차함수 $y=ax^2+bx+c$에서 $y>0$인 x의 값의 범위,
> 즉 이차함수의 그래프가 x축보다 위쪽에 있는 부분의 x의 값의 범위이다.

30. 최솟값이 -1보다 크며 최고차항의 계수가 1인 이차함수 $f(x)$의 그래프는 원점을 지난다. 실수 전체의 집합에서 미분가능한 두 함수 $g(x)$, $h(x)$가 모든 실수 x에 대하여 다음 조건을 만족할 때 $g(2)e^{h(2)}$의 값을 구하시오. [4점]

> (가) $f(x)-h(x)=\int_0^x f'(t)g(t)dt$
>
> (나) $g(x)+h(x)=\int_0^x \{f(t)+2\}g'(t)dt$
>
> (다) $f'(0)h(x)\geq g(x)$

해설

$f(0)=0$이고 조건 (가)에서 $f(0)-h(0)=0$이며 조건 (나)에서 $g(0)+h(0)=0$이므로 $g(0)=h(0)=0$이다.

이때 곱의 미분법의 형태를 활용하기 위해 조건 (가)와 (나)에서 주어진 두 등식의 양변을 합하자.

$f(x)+g(x)=\int_0^x f'(t)g(t)+\{f(t)+2\}g'(t)dt=[\{f(t)+2\}g(t)]_0^x=\{f(x)+2\}g(x)$이므로

$f(x)+g(x)=\{f(x)+2\}g(x)$이다. 즉 $f(x)g(x)+2g(x)-f(x)-g(x)=\{f(x)+1\}\{g(x)-1\}+1=0$이다.

이때 $f(x)>-1$이므로 $g(x)-1=\dfrac{-1}{f(x)+1}$에서 $g(x)=1-\dfrac{1}{f(x)+1}$이다.

한편 조건 (가)의 양변을 미분하면 $f'(x)-h'(x)=f'(x)g(x)=f'(x)-\dfrac{f'(x)}{f(x)+1}$이므로

$h'(x)=\dfrac{f'(x)}{f(x)+1}=\{\ln|f(x)+1|\}'$이고 $h(0)=0$이므로 $h(x)=\ln|f(x)+1|$이다.

이때 $f(x)>-1$이므로 $h(x)=\ln|f(x)+1|=\ln\{f(x)+1\}$이다.

한편 함수 $f'(0)h(x)-g(x)$의 그래프가 원점을 지난다.

즉 조건 (다)에서 $x=0$에서 미분가능한 함수 $f'(0)h(x)-g(x)$가 $x=0$에서 극솟값을 가지므로

도함수 $f'(0)h'(x)-g'(x)$의 $x=0$에서의 함숫값이 0이다.

이때 $g'(x)=\dfrac{f'(x)}{\{f(x)+1\}^2}$이므로 $f'(0)h'(0)-g'(0)=\dfrac{\{f'(0)\}^2}{f(0)+1}-\dfrac{f'(0)}{\{f(0)+1\}^2}=f'(0)\{f'(0)-1\}=0$이다.

즉 $f'(0)=0$ 또는 $f'(0)=1$이다.

이때 $f'(0)=0$인 경우 실수 전체의 집합에서 $f'(0)h(x)-g(x)=\dfrac{1}{f(x)+1}-1\geq 0$이 성립해야 한다.

즉 실수 전체의 집합에서 $1\geq f(x)+1$인데 $f(x)$가 최고차항의 계수가 양수인 이차함수이므로 주어진 조건을 만족하지 않는다. $\therefore$ $f'(0)=1$, $f(x)=x^2+x$

즉 $g(x)e^{h(x)}=\dfrac{f(x)}{f(x)+1}\times\{f(x)+1\}=f(x)$이므로 $g(2)e^{h(2)}=f(2)=6$이다.

한편 $f'(0)$의 값을 다음과 같은 방법으로도 구할 수 있다.

함수 $f'(0)h(x)-g(x)$가 $x=0$에서 극솟값을 가지므로 이계도함수 $f'(0)h''(x)-g''(x)$의 $x=0$에서의 함숫값이 음이 아니다.

이때 $g''(x)=\dfrac{f''(x)\{f(x)+1\}^2-2\{f'(x)\}^2\{f(x)+1\}}{\{f(x)+1\}^4}=\dfrac{f''(x)\{f(x)+1\}-2\{f'(x)\}^2}{\{f(x)+1\}^3}$ 이고

$h''(x)=\dfrac{f''(x)\{f(x)+1\}-\{f'(x)\}^2}{\{f(x)+1\}^2}$ 이며 $f(x)$의 최고차항의 계수가 1이므로 $f''(x)=2$이다.

즉 $g''(0)=2-2\{f'(0)\}^2$, $h''(0)=2-\{f'(0)\}^2$이다.

이때 $f'(0)=0$이면 $g''(0)=2$, $h''(0)=2$에서 $f'(0)h''(0)-g''(0)=-2$이므로 주어진 조건을 만족하지 않으며 $f'(0)=1$이면 $g''(0)=0$, $h''(0)=1$에서 $f'(0)h''(0)-g''(0)=1$이므로 주어진 조건을 만족한다.

$\therefore\ f'(0)=1$

comment

조건 (가)와 (나)에서 주어진 식이 항등식이므로 $f(0)=g(0)=h(0)=0$임을 확인할 수 있습니다.

이후 주어진 곱의 미분법의 형태를 활용하기 위해 두 등식의 양변을 더하는 것이 바람직합니다.

이때 $g(x)$를 $f(x)$에 대하여 나타낼 수 있습니다.

> 미분가능한 두 함수 $f(x)$, $g(x)$에 대하여 함수의 곱의 미분법에 의하여 함수 $y=f(x)g(x)$의 도함수는 $\{f(x)g(x)\}'=f'(x)g(x)+f(x)g'(x)$이고, 이 식의 양변을 x에 대하여 적분하면
> $f(x)g(x)=\int f'(x)g(x)dx+\int f(x)g'(x)dx$이다.

한편 조건 (가)에서 주어진 식을 미분하였을 때 $f(x)$에 대하여 나타낸 $g(x)$를 이용하면 치환적분법을 통해 $h(x)$를 $f(x)$에 대하여 나타낼 수 있습니다.

> $\int \dfrac{f'(x)}{f(x)}dx$의 꼴의 부정적분에서 치환적분법을 적용할 때, $f(x)=t$로 놓으면 $\dfrac{dt}{dx}=f'(x)$이므로
> 치환적분법에 의하여 $\int \dfrac{f'(x)}{f(x)}dx=\int \dfrac{1}{f(x)}\times f'(x)dx=\int \dfrac{1}{t}dt=\ln|t|+C=\ln|f(x)|+C$이다.

마지막으로 조건 (다)에서 함수 $f'(0)h(x)-g(x)$가 $x=0$에서 극솟값을 가짐을 관찰할 수 있습니다.

> 미분가능한 함수 $f(x)$가 $f'(a)=0$이고 $x=a$의 좌우에서 $f'(x)$의 부호가 +에서 -로 바뀌면 $f(x)$는 $x=a$에서 극대이고, $f'(x)$의 부호가 -에서 +로 바뀌면 $f(x)$는 $x=a$에서 극소이다.

김지헌 수학 핏모의고사 2회 해설지

공통과목				
1	**2**	**3**	**4**	**5**
⑤	⑤	⑤	④	①
6	**7**	**8**	**9**	**10**
③	④	④	①	②
11	**12**	**13**	**14**	**15**
①	④	④	⑤	④
16	**17**	**18**	**19**	**20**
3	20	14	2	2
21	**22**			
24	1			

확률과 통계			
23	**24**	**25**	**26**
④	③	③	③
27	**28**	**29**	**30**
⑤	⑤	1	80

미적분			
23	**24**	**25**	**26**
⑤	②	③	②
27	**28**	**29**	**30**
②	④	148	15

공통과목

1. $\left(\dfrac{2}{2^{\frac{\sqrt{2}}{2}}}\right)^{2+\sqrt{2}}$ 의 값은? [2점]

① $\dfrac{1}{2}$　② $\dfrac{\sqrt{2}}{2}$　③ 1　④ $\sqrt{2}$　⑤ 2

해설

$\left(\dfrac{2}{2^{\frac{\sqrt{2}}{2}}}\right)^{2+\sqrt{2}}=\left(2^{\frac{2-\sqrt{2}}{2}}\right)^{2+\sqrt{2}}=2$

---

2. 함수 $f(x)=x^3-7x^2+x-7$에 대하여 $\lim\limits_{x\to7}\dfrac{f(x)}{x-7}$의 값은? [2점]

① 10　② 20　③ 30　④ 40　⑤ 50

해설

$f(7)=0$이며 $f'(x)=3x^2-14x+1$이므로 $\lim\limits_{x\to7}\dfrac{f(x)}{x-7}=f'(7)=50$이다.

---

3. $2\pi<\theta<\dfrac{5}{2}\pi$인 θ에 대하여 $\sin\theta\cos\theta=\dfrac{1}{2}$일 때 $\sin\theta+\cos\theta$의 값은? [3점]

① $-\sqrt{2}$　② $-\dfrac{\sqrt{2}}{2}$　③ 0　④ $\dfrac{\sqrt{2}}{2}$　⑤ $\sqrt{2}$

해설

$2\pi<\theta<\dfrac{5}{2}\pi$에서 $\sin\theta>0,\ \cos\theta>0$이다.

이때 $(\sin\theta+\cos\theta)^2=1+2\sin\theta\cos\theta=2$이므로 $\sin\theta+\cos\theta=\sqrt{2}$이다.

---

4. 다항함수 $f(x)$에 대하여 함수 $g(x)$를 $g(x)=xf(x)$라 하자.
$g(2)=4,\ g'(2)=6$일 때 $f'(2)$의 값은? [3점]

① $\dfrac{1}{2}$　② 1　③ $\dfrac{3}{2}$　④ 2　⑤ $\dfrac{5}{2}$

해설

$g(2)=2f(2)=4$이며 $g'(x)=f(x)+xf'(x)$에서 $g'(2)=f(2)+2f'(2)=2+2f'(2)=6$이므로 $f'(2)=2$이다.

---

5. 다항함수 $f(x)$가 $f'(x)=(x-1)(x^2+x+1)$, $f(2)=8$를 만족시킬 때, $f(0)$의 값은? [3점]

① 6 ② 8 ③ 10 ④ 12 ⑤ 14

해설

$f(2)-f(0)=\int_0^2 f'(x)dx=\int_0^2 (x-1)(x^2+x+1)dx=\int_0^2 x^3-1dx=\left[\frac{1}{4}x^4-x\right]_0^2=2$에서 $f(0)=6$이다.

---

6. 등비수열 $\{a_n\}$과 모든 자연수 n에 대하여 $b_n=1+\sum_{k=1}^{n}a_k$를 만족하는 수열 $\{b_n\}$은 첫째항이 3이며 공비가 1이 아닌 등비수열이다. a_2의 값은? [3점]

① 4 ② 5 ③ 6 ④ 7 ⑤ 8

해설

수열 $\{a_n\}$의 첫째항을 a, 공비를 r이라 할 때 한편 $b_1=1+a=3$에서 $a=2$이다.

이때 $b_n=1+\sum_{k=1}^{n}a_k=1+\frac{a(r^n-1)}{r-1}=\frac{a}{r-1}\times r^n+\left(1-\frac{a}{r-1}\right)$에서 $1-\frac{a}{r-1}=1-\frac{2}{r-1}=0$일 때 수열 $\{b_n\}$은 등비수열이 된다. $\therefore\ r=3,\ a_2=2\times3=6$

또는 아래와 같은 방법으로 풀 수 있다.

수열 $\{b_n\}$의 공비를 r이라 할 때 $b_n=3\times r^{n-1}$이며 모든 자연수 n에 대하여 $b_{n+1}-b_n=a_{n+1}$을 만족하므로 $a_{n+1}=3\times(r^n-r^{n-1})=3(r-1)\times r^{n-1}$이다.

이때 $b_1=1+a_1=3$에서 $a_1=2$이며 $a_{n+1}=3(r-1)\times r^{n-1}$에서 수열 $\{a_n\}$의 공비 또한 r이므로 $a_{n+1}=2\times r^n$이다. 따라서 $a_{n+1}=3(r-1)\times r^{n-1}=2r^n$에서 $3(r-1)=2r$이므로 $r=3$이다. $\therefore\ a_2=6$

---

7. 최고차항의 계수가 1인 삼차함수 $f(x)$에 대하여 $f(1)=f(2)=f(4)$일 때 $f'(1)+f'(2)+f'(4)$의 값은? [3점]

① 4 ② 5 ③ 6 ④ 7 ⑤ 8

해설

$f(x)=(x-1)(x-2)(x-4)+f(1)$에서 $f'(x)=(x-2)(x-4)+(x-1)(x-4)+(x-1)(x-2)$이므로 $f'(1)=3$, $f'(2)=-2$, $f'(4)=6$이다. $\therefore\ f'(1)+f'(2)+f'(4)=7$

---

8. 다항함수 $f(x)$가 $f'(x)=4(x-1)^3+2(x-1)$, $\int_0^2 f(x)dx=8$을 만족시킬 때 $\int_0^1 f(x)dx$의 값은? [3점]

① 1　　② 2　　③ 3　　④ 4　　⑤ 5

해설

$f(x)=(x-1)^4+(x-1)^2+f(1)$이므로 곡선 $y=f(x)$는 직선 $x=1$에 대하여 대칭이다.

즉 $\int_0^2 f(x)dx=2\int_0^1 f(x)dx=8$이므로 $\int_0^1 f(x)dx=4$이다.

---

9. 모든 실수 t에 대하여 $f(t)$는 $\frac{2^t}{4}$과 $\frac{3^t}{9}$ 중 작지 않은 값이다.

양수 a가 $(a+1)\log_2 f\left(a+1+\frac{1}{a+1}\right)=f(0)$을 만족할 때 $f(2+a^2)$의 값은? [4점]

① $2^{\frac{1}{4}}$　　② $3^{\frac{1}{4}}$　　③ $\sqrt{2}$　　④ $5^{\frac{1}{4}}$　　⑤ $6^{\frac{1}{4}}$

해설

$\frac{2^t}{4}=2^{t-2}$, $\frac{3^t}{9}=3^{t-2}$이므로 $t\geq 2$에서 $f(t)=3^{t-2}$이고 $t<2$에서 $f(t)=2^{t-2}$이다.

양수 a에 대하여 $a+1+\frac{1}{a+1}\geq 2\sqrt{(a+1)\times\frac{1}{a+1}}=2$이므로 $f\left(a+1+\frac{1}{a+1}\right)=3^{a-1+\frac{1}{a+1}}$이다.

이때 $(a+1)\log_2 f\left(a+1+\frac{1}{a+1}\right)=(a+1)\times\left(a-1+\frac{1}{a+1}\right)\times\log_2 3=a^2\log_2 3=f(0)=\frac{1}{4}$이므로

$a^2=\frac{1}{4}\times\frac{1}{\log_2 3}=\frac{1}{\log_2 81}=\log_{81}2$이다. $\therefore f(2+a^2)=3^{\log_{81}2}=2^{\log_{81}3}=2^{\frac{1}{4}}$

comment

우선 지수법칙을 활용하여 $\frac{2^t}{4}=2^{t-2}$, $\frac{3^t}{9}=3^{t-2}$와 같이 나타내어 $f(t)$를 구간별로 정의된 함수의 형태로 나타내는 것이 바람직합니다.

$a\neq 0$이고 r, s가 실수일 때 지수법칙 $a^r\div a^s=a^{r-s}$이 성립한다.

이때 $a+1+\frac{1}{a+1}\geq 2$임은 산술평균과 기하평균에 대한 부등식을 활용하여 발견할 수 있습니다.

두 양수 a, b의 산술평균과 기하평균, 그리고 조화평균에 대해 $\frac{a+b}{2}\geq\sqrt{ab}\geq\frac{2ab}{a+b}$가 성립한다.

마지막으로 로그의 밑의 변환을 이용하여 a^2과 $f(2+a^2)$의 값을 구할 수 있습니다.

1이 아닌 세 양수 a, b, c에 대하여 $\log_{a^m}b^n=\left(\frac{n}{m}\right)\log_a b$ $(m\neq 0)$, $a^{\log_b c}=c^{\log_b a}$이다.

10. 시각 $t=0$일 때 원점을 출발하여 수직선 위를 움직이는 점 P의 시각 t $(t \geq 0)$에서의 가속도 $a(t)$가 $a(t)=3(t-3)^2-6$이다.
점 P가 출발 후 운동 방향을 바꾸지 않을 때 시각 $t=3$에서 점 P의 위치의 최솟값은? [4점]

① 27 ② $\frac{135}{4}$ ③ $\frac{81}{2}$ ④ $\frac{189}{4}$ ⑤ 54

해설

점 P의 시각 t $(t \geq 0)$에서의 속도 $v(t)$를 $v(t)=(t-3)^3-6t+C$라 하자. (단, C는 적분상수이다.)
$a(t)=3(t-3)^2-6=0$일 때 $t=3-\sqrt{2}$, $t=3+\sqrt{2}$이다.
즉 함수 $v(t)$는 $t=3-\sqrt{2}$에서 극댓값을, $t=3+\sqrt{2}$에서 극솟값을 갖는다.
점 P가 출발 후 운동 방향을 바꾸지 않을 때 $t \geq 0$에서 $v(t) \geq 0$이므로 $v(t)$의 극솟값이 0보다 크거나 같으며 $v(0)$의 값 또한 0보다 크거나 같다.
즉 $v(3+\sqrt{2})=2\sqrt{2}-6(3+\sqrt{2})+C=-18-4\sqrt{2}+C \geq 0$이며 $v(0)=-27+C \geq 0$이다.
한편 $9>4\sqrt{2}$에서 $v(3+\sqrt{2})>v(0) \geq 0$이므로 C의 최솟값은 27이다.
또한 C가 최솟값을 가질 때 시각 $t=3$에서 점 P의 위치가 최솟값을 가진다.

$$\therefore \int_0^3 (t-3)^3-6t+27dt=\left[\frac{1}{4}(t-3)^4-3t^2+27t\right]_0^3=54-\frac{81}{4}=\frac{135}{4}$$

comment

운동 방향이 바뀌지 않는 경우 속도의 부호가 변화하지 않습니다.

> 점 P가 수직선 위를 움직일 때, 시각 t에서의 점 P의 위치를 $x=f(t)$라 하자.
> 함수 $f(t)$의 평균변화율과 점 P의 평균 속도가 같으므로 $\frac{\Delta x}{\Delta t}=\frac{f(t+\Delta t)-f(t)}{\Delta t}$이다.
> $x=f(t)$의 순간변화율을 시각 t에서의 점 P의 속도(v)라고 하며, 그 절댓값을 속력이라고 한다.
> 또한, 시각 t에서의 점 P의 속도(v)의 순간변화율을 시각 t에서의 점 P의 가속도(a)라고 한다.

$v(t)$가 최고차항의 계수가 양수인 삼차함수이므로 구간 $[0, \infty)$에서 $v(t) \geq 0$임을 확인해야 합니다.
이 경우 $a(t)$를 적분하여 $v(t)$를 구할 때 적분상수가 발생합니다.

> 함수 $f(x)$의 부정적분 중의 하나를 $F_1(x)$, 또 다른 하나를 $F_2(x)$라 할 때, $F_1{}'(x)=F_2{}'(x)=f(x)$이므로 $\{F_2(x)-F_1(x)\}'=F_2{}'(x)-F_1{}'(x)=f(x)-f(x)=0$이다.
> 도함수가 0인 함수는 상수함수이므로 $F_2(x)=F_1(x)+C$ (C는 상수)의 꼴로 나타낼 수 있다.
> 이때 C를 적분상수라고 한다.

$v(0)$과 함수 $v(t)$의 극솟값을 구하여 $v(t) \geq 0$을 만족시키는 적분상수의 최솟값을 구할 수 있습니다.
이때 $v(t)$의 도함수인 $a(t)$의 실근을 통해 함수 $v(t)$의 극솟값을 확인하는 것이 바람직합니다.

시각 $t=3$에서 점 P의 위치의 최솟값은 적분상수가 최솟값을 가질 때의 정적분 $\int_0^3 v(t)dt$의 값과 동일하므로 이를 통해 시각 $t=3$에서 점 P의 위치의 최솟값을 구할 수 있습니다.

한편 삼차함수의 비율관계를 통해 $v(0)$과 함수 $v(t)$의 극솟값의 크기를 비교할 수 있습니다.

t에 대한 방정식 $v(t)=v(3+\sqrt{2})$의 실근 중 $3+\sqrt{2}$가 아닌 실근은 $t=3-2\sqrt{2}$이며

$3-2\sqrt{2}>0$이므로 $v(0)$이 함수 $v(t)$의 극솟값보다 작음을 확인할 수 있습니다.

> 극값을 가지는 삼차함수 $g(x)$의 도함수가 $g'(x)=3a(x-\alpha)(x-\beta)$일 때, 변곡점의 x좌표는 $\frac{\alpha+\beta}{2}$이다. 함수 $g(x)$의 최고차항의 계수가 a이고 이차항의 계수가 $-\frac{3}{2}a(\alpha+\beta)$이므로 근과 계수의 관계에 의하여 삼차방정식 $g(x)=0$의 세 근의 합은 $\frac{3}{2}(\alpha+\beta)$이다.
>
> 삼차방정식 $g(x)=g(\alpha)$은 중근 $x=\alpha$ 이외에 하나의 실근 $x=m$을 가지며, $\frac{3}{2}(\alpha+\beta)=2\alpha+m$에서 $m=\frac{3\beta-\alpha}{2}$이다. 동일하게, 삼차방정식 $g(x)=g(\beta)$은 중근 $x=\beta$ 이외에 하나의 실근 $x=n$을 가지며, $\frac{3}{2}(\alpha+\beta)=2\beta+n$에서 $n=\frac{3\alpha-\beta}{2}$이다. $\alpha<\beta$라 할 때, 다섯 점 $\left(\frac{3\alpha-\beta}{2},\ f\left(\frac{3\alpha-\beta}{2}\right)\right)$, $(\alpha,\ f(\alpha))$, $\left(\frac{\alpha+\beta}{2},\ f\left(\frac{\alpha+\beta}{2}\right)\right)$, $(\beta,\ f(\beta))$, $\left(\frac{3\beta-\alpha}{2},\ f\left(\frac{3\beta-\alpha}{2}\right)\right)$의 x좌표는 등차수열을 이룬다.

---

11. $a_1=0$, $a_2=-1$인 수열 $\{a_n\}$이 모든 자연수 n에 대하여 $a_n+a_{n+4}=2a_{n+2}$, $a_{n+1}-a_n\le 2$을 만족한다. $\sum_{k=1}^{12}a_k$의 최댓값은? [4점]

① 24　② 25　③ 26　④ 27　⑤ 28

해설

$\frac{a_n+a_{n+4}}{2}=a_{n+2}$에서 두 수열 $\{a_{2n-1}\}$과 $\{a_{2n}\}$은 각각 등차수열이다.

각각의 공차를 d_1, d_2라 할 때 $a_{2n-1}=(n-1)d_1$이며 $a_{2n}=(n-1)d_2-1$이다.

이때 $a_{2n}-a_{2n-1}=\{(n-1)d_2-1\}-\{(n-1)d_1\}=(n-1)(d_2-d_1)-1\le 2$에서 n이 충분히 커지는 경우를 고려하면 $d_2-d_1\le 0$이다.

동일하게 $a_{2n+1}-a_{2n}=a_{2(n+1)-1}-a_{2n}=nd_1-\{(n-1)d_2-1\}=(n-1)(d_1-d_2)+d_1+1\le 2$에서

n이 충분히 커지는 경우를 고려하면 $d_1-d_2\le 0$이다.

즉 $d_1=d_2$이므로 $(n-1)(d_1-d_2)+d_1+1\le 2$에서 $d_1\le 1$이다.

따라서 $d_1=d_2=1$일 때, 다시 말해 $a_{2n-1}=n-1$이며 $a_{2n}=n-2$일 때 $\sum_{k=1}^{12}a_k$는 최댓값을 가진다.

즉 $\sum_{k=1}^{12}a_k$의 최댓값은 $\sum_{k=1}^{12}a_k=\sum_{k=1}^{6}a_{2k-1}+\sum_{k=1}^{6}a_{2k}=\left(6\times\frac{0+5}{2}\right)+\left(6\times\frac{-1+4}{2}\right)=15+9=24$이다.

comment

모든 자연수 n에 대하여 a_n과 a_{n+4}의 등차중항이 $2a_{n+2}$이므로 두 수열 $\{a_{2n-1}\}$, $\{a_{2n}\}$이 각각 등차수열임을 관찰하는 것이 바람직합니다.

> 세 수 a, b, c가 이 순서대로 등차수열을 이룰 때, b를 a와 c의 등차중항이라고 한다.
> 이때, $b-a=c-b$이므로 $b=\dfrac{a+c}{2}$, 즉 $2b=a+c$이다.
> 역으로, $2b=a+c$일 때 $b-a=c-b$이므로 세 수 a, b, c가 이 순서대로 등차수열을 이룬다.

한편 각각의 등차수열은 자연수 전체의 집합을 정의역으로 하는 일차함수임을 유의합시다.

> 등차수열을 $a_n=a+(n-1)d=dn+(a-d)$로 표현할 때, 자연수 전체의 집합을 정의역,
> 실수 전체의 집합을 공역으로 하는 기울기가 d이고 y절편이 $a-d$인 일차함수로 볼 수 있다.

따라서 두 등차수열 $\{a_{2n-1}\}$, $\{a_{2n}\}$의 공차가 동일할 때만 $a_{n+1}-a_n \le 2$를 만족합니다.

> 두 직선 $y=mx+n$, $y=m'x+n'$에 대하여 두 직선의 평행 조건은 다음과 같다.
> (단, $m=m'$, $n=n'$이면 두 직선은 일치한다.)
>
> ① $m=m'$, $n\neq n'$이면 두 직선은 서로 평행하다.
> ② 두 직선이 서로 평행하면 $m=m'$, $n\neq n'$이다.

이때 공차의 범위를 구할 수 있으며 공차가 최댓값을 가질 때 $\displaystyle\sum_{k=1}^{12} a_k$가 최댓값을 가집니다.

> 등차수열의 첫째항부터 제 n항까지의 합을 S_n이라 할 때, $S_n=\dfrac{n\{2a+(n-1)d\}}{2}$이다.

한편 두 등차수열 $\{a_{2n-1}\}$, $\{a_{2n}\}$의 합을 아래와 같이 구할 수 있음을 유의합시다.

> 수열 $\{a_n\}$과 상수 c에 대하여 $\displaystyle\sum_{k=1}^{n} ca_k=c\sum_{k=1}^{n} a_k$이고 $\displaystyle\sum_{k=1}^{n} c=cn$이다.

즉 $\displaystyle\sum_{k=1}^{6} a_{2k-1}+\sum_{k=1}^{6} a_{2k}=\sum_{k=1}^{6} a_{2k-1}+(a_{2k-1}-1)=\sum_{k=1}^{6}(2a_{2k-1}-1)=2\sum_{k=1}^{6} a_{2k-1}-\sum_{k=1}^{6} 1=2\sum_{k=1}^{6}(k-1)-6$

입니다.

12. 최고차항의 계수가 1인 삼차함수 $f(x)$와 실수 전체의 집합에서 미분가능한 함수 $g(x)$가 다음 조건을 만족할 때 두 곡선 $y=f(x)$와 $y=g(x)$으로 둘러싸인 영역의 넓이의 값은? [4점]

(가) 실수 전체의 집합에서 $\{f(x)-2\}\{f(x)+4\}=\{g(x)-2\}\{g(x)+4\}$이다. (나) 함수 $f(x)-g(x)$는 $x=3$에서 최댓값 8을 가진다.

① $\frac{21}{2}$ ② $\frac{23}{2}$ ③ $\frac{25}{2}$ ④ $\frac{27}{2}$ ⑤ $\frac{29}{2}$

해설

조건 (가)에서 $\{f(x)\}^2+2f(x)-8=\{g(x)\}^2+2g(x)-8$, $[\{f(x)\}^2-\{g(x)\}^2]+2\{f(x)-g(x)\}=0$, $\{f(x)-g(x)\}\{f(x)+g(x)+2\}=0$이다. 즉 $g(x)=f(x)$ 또는 $g(x)=-f(x)-2$이다.

한편 실수 전체의 집합에서 $g(x)=f(x)$인 경우 함수 $f(x)-g(x)=0$이며 실수 전체의 집합에서 $g(x)=-f(x)-2$인 경우 삼차함수 $f(x)-g(x)=2f(x)+2$는 최댓값을 가지지 않는다.

이때 $f(x)=-f(x)-2$인 경우 $f(x)=-1$이며 함수 $g(x)$가 실수 전체의 집합에서 미분가능하므로 $f(x)=-1$이며 $f'(x)=0$인 x가 반드시 존재한다. 이 값을 α라 하자.

다시 말해 $g(x)=\begin{cases} f(x) & (x \le \alpha) \\ -f(x)-2 & (x > \alpha) \end{cases}$ 또는 $g(x)=\begin{cases} -f(x)-2 & (x \le \alpha) \\ f(x) & (x > \alpha) \end{cases}$이다.

이때 $f(x)-g(x)=\begin{cases} 0 & (x \le \alpha) \\ 2f(x)+2 & (x > \alpha) \end{cases}$ 인 경우 $x \to \infty$에서 $f(x) \to \infty$이므로 최댓값을 가지지 않는다.

즉 조건 (나)에서 $f(x)-g(x)=\begin{cases} 2f(x)+2 & (x \le \alpha) \\ 0 & (x > \alpha) \end{cases}$이며 함수 $f(x)$는 $x=3$에서 극댓값 3을 가진다.

그러므로 $f'(x)=3(x-3)(x-\alpha)$ $(\alpha \ge 3)$에서 $f(x)=(x-3)^2\left(x+\frac{3}{2}-\frac{3}{2}\alpha\right)+3$이다.

즉 $f(\alpha)=(\alpha-3)^2\left(\frac{3}{2}-\frac{1}{2}\alpha\right)+3=-\frac{1}{2}(\alpha-3)^3+3=-1$에서 $\alpha=5$이므로 $f(x)=(x-3)^2(x-6)+3$이다.

이때 곡선 $y=2f(x)+2=2(x-3)^2(x-6)+8$가 $x=5$에서 x축과 접하며 근과 계수의 관계에서 $3+3+6=x+5+5$, 즉 $x=2$에서 x축과 만난다.

다시 말해 두 곡선 $y=f(x)$와 $y=g(x)$으로 둘러싸인 영역의 넓이의 값은 $\int_2^5 2(x-2)(x-5)^2dx$의 값과 같다. $\therefore \int_2^5 2(x-2)(x-5)^2dx=\int_{-3}^0 2(x+3)x^2dx=\int_{-3}^0 2x^3+6x^2dx=\left[\frac{1}{2}x^4+2x^3\right]_{-3}^0=\frac{27}{2}$

comment

조건 (가)에서 주어진 등식은 $f(x)=g(x)$일 때 성립합니다. 즉 우변을 좌변으로 이항했을 때 다항식은 $f(x)-g(x)$를 인수로 가집니다. 이를 통해 다항식을 인수분해하는 것이 바람직합니다.

다항식 $P(x)$를 일차식 $x-\alpha$로 나누어떨어지면 $P(\alpha)=0$이다. 또 $P(\alpha)=0$이면 $P(x)$가 $x-\alpha$로 나누어떨어진다.

이 경우 $g(x)$를 $f(x)$에 대한 식으로 나타냈을 때 경우를 나누어 조건 (나)를 만족하는 경우를 관찰하면, 함수 $g(x)$가 실수 전체의 집합에서 미분가능하므로 -1이 $f(x)$의 극값임을 확인하는 것이 바람직합니다.

> $x=a$에서 미분가능한 두 함수 $f(x)$, $g(x)$에 대하여 함수 $h(x)=\begin{cases} f(x) & (x<a) \\ g(x) & (x \geq a) \end{cases}$ 는 $f(a)=g(a)$이면
> $\lim_{x \to a-} h(x)=\lim_{x \to a-} f(x)$, $\lim_{x \to a+} h(x)=\lim_{x \to a+} g(x)$이므로 $f(a)=g(a)$일 때
> $\lim_{x \to a} h(x)=h(a)$가 성립한다.
> 또한 $f'(a)=g'(a)$이면 $\lim_{x \to a-} h'(x)=\lim_{x \to a-} f'(x)$, $\lim_{x \to a+} h'(x)=\lim_{x \to a+} g'(x)$이므로
> $f'(a)=g'(a)$일 때
> $\lim_{x \to a} h'(x)=h'(a)$가 성립한다.

이때 조건 (나)에서 $f(x)$가 극대가 되는 x의 값과 극댓값, 극솟값을 모두 구할 수 있습니다.

한편 삼차함수의 비율관계를 통해 방정식 $2f(x)+2=0$의 두 실근이 $x=2$와 $x=5$임을 확인하는 것이 바람직합니다.

> 극값을 가지는 삼차함수 $g(x)$의 도함수가 $g'(x)=3a(x-\alpha)(x-\beta)$일 때, 변곡점의 x좌표는 $\frac{\alpha+\beta}{2}$이다. 함수 $g(x)$의 최고차항의 계수가 a이고 이차항의 계수가 $-\frac{3}{2}a(\alpha+\beta)$이므로 근과 계수의 관계에 의하여 삼차방정식 $g(x)=0$의 세 근의 합은 $\frac{3}{2}(\alpha+\beta)$이다.
> 삼차방정식 $g(x)=g(\alpha)$은 중근 $x=\alpha$ 이외에 하나의 실근 $x=m$을 가지며, $\frac{3}{2}(\alpha+\beta)=2\alpha+m$에서 $m=\frac{3\beta-\alpha}{2}$이다. 동일하게, 삼차방정식 $g(x)=g(\beta)$은 중근 $x=\beta$ 이외에 하나의 실근 $x=n$을 가지며, $\frac{3}{2}(\alpha+\beta)=2\beta+n$에서 $n=\frac{3\alpha-\beta}{2}$이다. $\alpha<\beta$라 할 때, 다섯 점
> $\left(\frac{3\alpha-\beta}{2},\ f\left(\frac{3\alpha-\beta}{2}\right)\right)$, $(\alpha,\ f(\alpha))$, $\left(\frac{\alpha+\beta}{2},\ f\left(\frac{\alpha+\beta}{2}\right)\right)$, $(\beta,\ f(\beta))$, $\left(\frac{3\beta-\alpha}{2},\ f\left(\frac{3\beta-\alpha}{2}\right)\right)$의 x좌표는 등차수열을 이룬다.

따라서 두 곡선 $y=f(x)$와 $y=g(x)$으로 둘러싸인 영역의 넓이의 값을 구할 때
$2(x-3)^2(x-6)+8=2(x-2)(x-5)^2$임을 활용하여 구하는 것이 바람직합니다.

> 두 함수 $f(x)$, $g(x)$가 닫힌구간 $[a,\ b]$에서 연속일 때, 두 곡선 $y=f(x)$와 $y=g(x)$ 및 두 직선 $x=a$, $x=b$로 둘러싸인 도형의 넓이 S는 $S=\int_a^b |f(x)-g(x)|dx$이다.

13. $\angle A = \alpha$, $\angle B = \beta$, $\overline{AB} = 5$인 $\triangle ABC$가 다음 조건을 만족할 때 $\overline{AC}$의 값은? [4점]

(가) $\alpha + \beta = \dfrac{\pi}{4}$ (나) $\dfrac{\sin 2\beta}{\sin 2\alpha} = \dfrac{4}{3}$

① 2 ② $\sqrt{6}$ ③ $2\sqrt{2}$ ④ $\sqrt{10}$ ⑤ $2\sqrt{3}$

해설

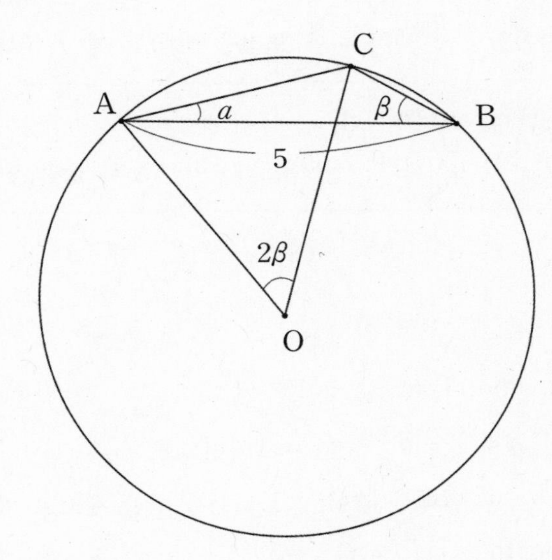

$\angle C = \pi - (\alpha + \beta) = \pi - \dfrac{\pi}{4} = \dfrac{3\pi}{4}$에서 $\triangle ABC$의 외접원의 반지름의 길이를 R이라 할 때

$\dfrac{\overline{AB}}{\sin C} = \dfrac{5}{\dfrac{\sqrt{2}}{2}} = 5\sqrt{2} = 2R$에서 $R = \dfrac{5\sqrt{2}}{2}$이다.

한편 $\triangle ABC$의 외접원의 중심을 O라 할 때 $\angle ABC = \beta$이며 호 $\overset{\frown}{AC}$에 대한 중심각 $\angle AOC$의 크기는 그 호에 대한 원주각 $\angle ABC$의 크기의 두 배와 동일하다. 즉 $\angle AOC = 2\beta$이다.

한편 $\alpha + \beta = \dfrac{\pi}{4}$에서 $2(\alpha + \beta) = \dfrac{\pi}{2}$이므로 $\dfrac{\sin 2\beta}{\sin 2\alpha} = \dfrac{\sin 2\beta}{\sin\left(\dfrac{\pi}{2} - 2\alpha\right)} = \dfrac{\sin 2\beta}{\cos 2\beta} = \tan 2\beta = \dfrac{4}{3}$이다.

이때 $0 < 2\beta < \dfrac{\pi}{2}$이므로 $\cos 2\beta = \dfrac{3}{5}$이다.

즉 $\triangle AOC$에서 $(\overline{AC})^2 = (\overline{OA})^2 + (\overline{OC})^2 - 2(\overline{OA})(\overline{OC})\cos(\angle AOC) = \dfrac{25}{2} + \dfrac{25}{2} - 2 \times \dfrac{25}{2} \times \dfrac{3}{5} = 10$이다.

$\therefore \overline{AC} = \sqrt{10}$

comment

$\overline{AB}$의 길이가 주어져 있으며 조건 (가)에서 $\overline{AB}$에 대한 대각 C의 크기를 알 수 있음, 그리고 조건 (나)에서 각의 크기가 2α, 2β인 두 각에 대한 정보가 주어졌음에 따라 삼각형 ABC의 외접원을 그리는 것이 바람직합니다.

> $\triangle$ABC의 외접원의 반지름의 길이를 R라고 하면 $\dfrac{a}{\sin A}=\dfrac{b}{\sin B}=\dfrac{c}{\sin C}=2R$이다.

이때 삼각형 AOC에서 $\overline{AC}$에 대한 대각의 크기가 2β임을 알 수 있으므로 조건 (나)에서 $\cos 2\beta$의 값을 구한 이후 삼각형 AOC에서 코사인 법칙을 활용하여 $\overline{AC}$를 구할 수 있습니다.

> $\triangle$ABC에서 $a^2=b^2+c^2-2bc\cos A$, $b^2=c^2+a^2-2ca\cos B$, $c^2=a^2+b^2-2ab\cos C$이다.

---

14. 최고차항의 계수가 1인 사차함수 $f(x)$가 다음 조건을 만족할 때 $f'(0)$의 값은? [4점]

> (가) $f(-1)$은 음수이고 $f(1)$은 자연수이다.
> (나) 명제 '$f(x)=0$이면 $f(x^2)=0$이다.'가 거짓임을 보이는 x의 값은 2뿐이다.

① -4 ② -2 ③ 0 ④ 2 ⑤ 4

해설

조건 (나)에서 $f(2)=0$, $f(4)\neq 0$이다.

또한 조건 (나)에서 $x=x^2$인 경우 $x=0$ 또는 $x=1$이며

$x\neq x^2$인 경우 α, α^2, α^4, $\cdots$ 중 어떠한 값이 2가 되는 α만을 원소로 갖는 집합 X에 대하여

$x\in X$이므로 $f(x)=0$이면 $x\in\{0,\ 1\}\cup X$이다.

이때 조건 (가)에서 $f(-1)<0<f(1)$이므로 사잇값 정리에 따라 방정식 $f(x)=0$은 열린구간 $(-1,\ 1)$에서 적어도 한 실근을 가진다.

한편 집합 X의 모든 원소가 열린구간 $(-1,\ 1)$에 속하지 않으므로 $f(0)=0$이다.

$x\to-\infty$에서 $f(x)\to\infty$이고 $f(-1)<0$에서 방정식 $f(x)=0$은 열린구간 $(-\infty,\ -1)$에서 적어도 한 실근을 가진다. 이 실근을 $x=k$라 하자.

$-\sqrt{2}<k<-1$인 경우, 즉 $k=-\sqrt[4]{2}$, $-\sqrt[8]{2}$, $-\sqrt[16]{2}\cdots$ 인 경우 조건 (나)에서 $f(\sqrt{2})=0$인데

이때 $f(1)=(1-k)\times1\times(1-\sqrt{2})\times(1-2)$은 자연수가 아니다.

따라서 $k=-\sqrt{2}$이며 $f(1)$의 값이 자연수이므로 $x=\sqrt{2}$ 또한 방정식 $f(x)=0$의 실근이다.

$\therefore f(x)=(x+\sqrt{2})x(x-\sqrt{2})(x-2)=(x^2-2)(x-2)x$, $f'(0)=4$

comment

조건 (나)에서 주어진 명제를 $f(2)=0$, $f(4)\neq0$의 정보를 확인한 이후

"$x\neq2$이고 $f(x)=0$이면 $f(x^2)=0$이다."가 참이며 "$x\neq2$이고 $f(x^2)\neq0$이면 $f(x)\neq0$이다."가 참임을 확인하는 것이 바람직합니다.

> 명제 $p\rightarrow q$가 참이면 그 대우 $\sim q\rightarrow\ \sim p$도 참이므로 어떤 명제가 참임을 보이는 대신 그 대우가 참임을 보여도 된다. 이를 대우증명법이라 한다.

한편 조건 (가)에서 $f(-1)<0<f(1)$이므로 열린구간 $(-1,\ 1)$에서 방정식 $f(x)=0$이 실근을 가짐을 사이값의 정리를 떠올려 확인하는 것이 바람직합니다.

또한 $x\to-\infty$에서 $f(x)\to\infty$이고 $f(-1)<0$이므로 열린구간 $(-\infty,\ -1)$에서 방정식 $f(x)=0$이 실근을 가짐을 확인해야 합니다.

> 함수 $f(x)$는 닫힌구간 $[a,\ b]$에서 연속이고 $f(a)\neq f(b)$이면 $f(a)$와 $f(b)$ 사이의 임의의 실수 k에 대하여 $f(c)=k$인 c가 열린구간 $(a,\ b)$에 적어도 하나 존재한다. 이를 사이값의 정리라고 한다.
> 사잇값의 정리는 방정식의 근의 존재성을 파악하는 데 사용될 수 있다. 사잇값의 정리를 활용하기 위해서는 방정식의 근을 함수와 x축의 교점으로 생각하여 근의 존재성을 파악할 수 있다.
> 사잇값의 정리는 근의 존재 확인하는 정리이므로 구체적인 근이나 근의 개수는 알 수 없다.

또한 $f(1)$의 값이 자연수이므로 $f(-\sqrt{2})=f(\sqrt{2})=0$임을 확인하면 $f(x)$를 특정할 수 있습니다.

> 다항식 $P(x)$를 일차식 $x-\alpha$로 나누어떨어지면 $P(\alpha)=0$이다. 또 $P(\alpha)=0$이면 $P(x)$가 $x-\alpha$로 나누어떨어진다.

마지막으로 $f'(0)$의 값을 구할 때 아래와 같은 방법을 통해 구할 수 있음을 유의합시다.

> 미분가능한 함수 $f(x)$와 $g(x)=(x-a)f(x)$에 대해 $g'(a)=\lim\limits_{x\to a}\dfrac{(x-a)f(x)}{(x-a)}=f(a)$이다.

---

15. 모든 자연수 n에 대하여 $a_n\le a_{n+1}$인 수열 $\{a_n\}$의 초항부터 제 n항까지의 합을 S_n이라 하자. 수열 $\{S_n\}$은 다음 조건을 만족한다.

> (가) 모든 자연수 n에 대하여 $S_{2n}=nS_{n+1}-(n-1)S_n$이다.
> (나) $|S_{32}|=|S_{64}|$

$a_3>0$일 때, $\left|\dfrac{a_1}{a_3}\right|$의 최솟값은? [4점]

① 20　② 21　③ 22　④ 23　⑤ 24

해설

$S_{2n}=nS_{n+1}-(n-1)S_n=n(S_n+a_{n+1})-(n-1)S_n=S_n+na_{n+1}$이므로 $S_{2n}-S_n=na_{n+1}$이다.

이때 $a_{n+1}+a_{n+2}+\ \cdots\ +a_{2n-1}+a_{2n}=na_{n+1}$인데 $a_{n+1}\le a_{n+2}\le\ \cdots\ \le a_{2n-1}\le a_{2n}$에서 $na_{n+1}\le a_{n+1}+a_{n+2}+\ \cdots\ +a_{2n-1}+a_{2n}$이며 등호는 $a_{n+1}=a_{n+2}=\ \cdots\ =a_{2n-1}=a_{2n}$일 때 성립한다. 즉 모든 자연수 n에 대하여 $a_{n+1}=a_{n+2}=\ \cdots\ =a_{2n-1}=a_{2n}$이다.

다시 말해 $n=1$일 때 $a_2=a_2$이고 $n=2$일 때 $a_3=a_4$이며 $n=3$일 때 $a_4=a_5=a_6$이다.

점차 n을 증가시켜 나열하면 $a_3=a_4=a_5=\ \cdots$ 이 성립한다. 즉, $a_n=a_3\ (n\ge 3)$이다.

위의 결과를 조건 (나)에 대입하자.

$|a_1+a_2+30a_3|=|a_1+a_2+62a_3|$에서 $a_1+a_2+30a_3=a_1+a_2+62a_3$인 경우 $a_3>0$의 조건을 만족하지 않는다. 그러므로 $a_1+a_2+30a_3=-(a_1+a_2+62a_3)$에서 $a_1+a_2=-46a_3$, $2a_1\le a_1+a_2=-46a_3$이므로 $a_1\le -23a_3$이며 $\dfrac{a_1}{a_3}\le -23$이고 $\left|\dfrac{a_1}{a_3}\right|\ge 23$이다. 따라서 $a_3>0$일 때 $\left|\dfrac{a_1}{a_3}\right|$의 최솟값은 23이다.

comment

조건 (가)에서 주어진 등식을 $S_{n+1}=S_n+a_{n+1}$으로 해석하는 것이 바람직합니다.

> $m\le n$일 때 수열 $\{a_n\}$의 제 m항부터 제 n항까지의 합은 $\sum_{k=m}^{n}a_k$로 나타낼 수 있으며,
> $\sum_{k=m}^{n}a_k=\sum_{k=1}^{n}a_k-\sum_{k=1}^{m-1}a_k$이므로 $\sum_{k=i}^{i}a_k=\sum_{k=1}^{i}a_k-\sum_{k=1}^{i-1}a_k=a_i$이다.

이때 모든 자연수 n에 대하여 $a_n\le a_{n+1}$이므로 $a_n=a_3$ $(n\ge 3)$임을 확인할 수 있습니다.

이 경우 $a_3>0$이고 $a_1\le a_2\le a_3$이므로 $\left|\dfrac{a_1}{a_3}\right|$의 최솟값을 구할 수 있습니다.

---

16. 방정식 $\log_2\left(\dfrac{8}{7}-\dfrac{1}{7}\right)=2\log_2(x-2)$를 만족시키는 실수 x의 값을 구하시오. [3점]

해설

좌변의 값이 0이므로 $x=3$일 때 우변의 값이 0이다. $\therefore\ x=3$

---

17. 함수 $f(x)$와 모든 실수 x에 대하여 $\int_0^x f(t)dt=x^4-x^3$일 때, $f(2)$의 값을 구하시오. [3점]

해설

$f(x)=4x^3-3x^2$에서 $f(2)=4\times 2^3-3\times 2^2=20$이다.

---

18. 두 수열 $\{a_n\}$, $\{b_n\}$에 대하여 $\sum_{k=1}^{7}3a_k=\sum_{k=1}^{7}(a_k+b_k)$, $\sum_{k=1}^{7}b_k=\sum_{k=1}^{7}(8-k)$일 때, $\sum_{k=1}^{7}a_k$의 값을 구하시오. [3점]

해설

$\sum_{k=1}^{7}2a_k=2\sum_{k=1}^{7}a_k=\sum_{k=1}^{7}b_k=\sum_{k=1}^{7}(8-k)=\sum_{k=1}^{7}k=\dfrac{7\times(1+7)}{2}=28$이므로 $\sum_{k=1}^{7}a_k=14$이다.

---

19. 기울기가 2인 일차함수 $f(x)$의 한 부정적분을 $F(x)$라 하자. 함수 $\{F(x)\}^2+2F(x)$가 $x=1$에서 최솟값 3을 가질 때 $F(2)$의 값을 구하시오. [3점]

해설

$f(x)=2(x-a)$, $F(x)=(x-a)^2+C$ (단, C는 적분상수)라 할 때 함수 $F(x)$는 $x=a$에서 최솟값 C를 가진다. $\{F(x)\}^2+2F(x)=\{F(x)+1\}^2-1$에서 $C\leq-1$인 경우 함수 $\{F(x)\}^2+2F(x)$의 최솟값은 -1이므로 주어진 조건을 만족하지 않는다. $\therefore$ $C>-1$

이때 $\{F(1)+1\}^2-1=3$에서 $F(1)=1$ 또는 $F(1)=-3$이다.

한편 $F(1)\geq C>-1$에서 $F(1)\neq-3$이다. 즉 $F(1)=1$이므로 $a=1$, $C=1$이다.

$\therefore$ $F(x)=(x-1)^2+1$, $F(2)=2$

---

20. 다항함수 $f(x)$가 실수 전체의 집합에서 다음 조건을 만족한다.

$f(x)=f'(x)\{f'(1)(x-1)+f(1)\}$

$f(0)+f(1)=1$일 때 $f(2)$의 값을 구하시오. [4점]

해설

다항함수 $f(x)$의 차수를 n, 최고차항의 계수를 a $(a\neq0)$라 하자.

이때 주어진 조건에서 양변의 최고차항의 계수를 비교하면 $a=na\times f'(1)$이므로 $f'(1)=\frac{1}{n}$이다.

한편 주어진 조건에서 $x=1$일 때 $f(1)=f'(1)f(1)$에서 $f(1)=0$ 또는 $f'(1)=1$이다.

$f'(1)=1$인 경우 $f'(1)=\frac{1}{n}$에서 $n=1$이므로 $f(x)$는 기울기가 1인 일차함수이다.

이때 $f(0)+f(1)=2f(0)+1=1$에서 $f(x)=x$이므로 $f(2)=2$이다.

한편 $f'(1)\neq1$, $f(1)=0$일 때 $x\neq1$에서 $\frac{f(x)}{x-1}=f'(1)f'(x)$이다.

즉 $\lim_{x\to1}\frac{f(x)}{x-1}=f'(1)\lim_{x\to1}f'(x)$에서 $f'(1)=\{f'(1)\}^2$이므로 $f'(1)=0$이다.

이때 $f'(1)=\frac{1}{n}\neq0$이므로 주어진 조건을 만족하지 않는다.

$\therefore f(2)=2$

comment

주어진 조건이 항등식이므로 수치대입법과 계수비교법을 활용하는 것이 바람직합니다.

이때 최고차항의 계수를 비교한 이후 $x=1$을 대입하여 주어진 조건을 해석할 수 있습니다.

> 항등식의 성질을 이용하여 등식에서 미지의 계수를 정하는 방법을 미정계수법이라고 한다.
> 미정계수법에는 양변의 문자에 적당한 수를 대입하여 미지의 계수를 정하는 방법과 양변의 계수를 비교하여 미지의 계수를 정하는 방법이 있다. 각각을 수치대입법과 계수비교법이라 한다.
> 식의 형태에 따라 수를 대입하여 미지의 계수가 간단히 구해지는 경우는 수치대입법을, 다항식을 전개하기 쉬운 경우는 계수비교법이 편리할 수 있다.

한편 $f'(1) \neq 1$, $f(1)=0$일 때 주어진 조건을 인수정리와 미분계수의 정의를 이용하여 해석할 수 있습니다.

> 다항식 $P(x)$를 일차식 $x-\alpha$로 나누어떨어지면 $P(\alpha)=0$이다. 또 $P(\alpha)=0$이면 $P(x)$가 $x-\alpha$로 나누어떨어진다.

> 미분가능한 함수 $f(x)$와 $g(x)=(x-a)f(x)$에 대해 $g'(a)=\lim_{x \to a}\frac{(x-a)f(x)}{(x-a)}=f(a)$이다.

---

21. 0이 아닌 세 실수 x, y, z가 $\begin{cases} 2^x=3^y=z \\ (x-3)(y-1)=3 \end{cases}$ 을 만족할 때 z의 값을 구하시오. [4점]

해설

$x=\log_2 z$, $y=\log_3 z$이고 $(x-3)(y-1)=(\log_2 z-3)(\log_3 z-1)=(\log_2 z-3)\left(\frac{\log_2 z}{\log_2 3}-1\right)=3$이므로

$(\log_2 z-3)(\log_2 z-\log_2 3)=3\log_2 3$에서 $(\log_2 z)^2-(3+\log_2 3)\log_2 z=0$이다. 따라서 $\log_2 z=0$ 또는 $\log_2 z=3+\log_2 3=\log_2 24$이다. 즉 $z=1$ 또는 $z=24$이다.

한편 $z=1$일 때 $2^x=3^y=1$에서 $x=y=0$이므로 주어진 조건을 만족하지 않는다.

$\therefore\ z=24$

comment

$2^x=3^y=z$에서 x와 y를 로그의 정의를 활용하여 z에 대해 나타낼 수 있습니다.

이때 등식 $(x-3)(y-1)=3$은 z에 대한 방정식으로 고려할 수 있습니다.

또한 아래와 같은 로그의 성질을 고려하면 주어진 조건을 $\log_2 z$에 대한 이차방정식으로 고려하는 것이 바람직합니다.

> $a>0$, $a \neq 1$, $N>0$, $c>0$, $c \neq 1$일 때, $\log_a N=\frac{\log_c N}{\log_c a}$이다.

한편 $x \neq 0$, $y \neq 0$에서 $z \neq 1$이므로 주어진 조건을 만족하는 z의 값을 구할 수 있습니다.

22. 실수 전체의 집합에서 미분가능한 함수 $f(x)$는 다음 조건을 만족한다.

> (가) 임의의 실수 x에 대하여 $f(x+1)=f(x)-3x^2$이다.
> (나) $f(0)$은 정수이며, 임의의 정수 k에 대하여 닫힌구간 $[k-1,\ k]$에서 함수 $f(x)$의 그래프는 $k \neq f(0)$일 때 각각 이차함수의 그래프의 일부이며 $k=f(0)$일 때 직선의 일부이다.

$\int_0^2 f(x)dx$의 값을 구하시오. [4점]

해설

모든 자연수 n에 대해 $f(n)=f(0)+\sum_{k=0}^{n-1}\{f(k+1)-f(k)\}=f(0)-\sum_{k=0}^{n-1}3k^2=f(0)-\frac{(n-1)n(2n-1)}{2}$이다.

즉, 모든 자연수 n에 대하여 $f(n)=-n\left(n-\frac{1}{2}\right)(n-1)+f(0)$이다.

이때 함수 $g(x)=f(x)+x\left(x-\frac{1}{2}\right)(x-1)-f(0)$는 임의의 실수 x에 대하여 $g(x+1)=g(x)$이다.

동시에 조건 (나)에서 임의의 정수 k에 대하여 닫힌구간 $[k-1,\ k]$에서 함수 $g(x)$의 그래프는 각각 최고차항의 계수가 1인 삼차함수의 그래프의 일부이다. 이때 $[k-1,\ k]$에서 $g(x)=h_k(x)$라 하자.

$g(0)=0$이므로 $g(k-1)=g(k)=0$, 즉 $h_k(k-1)=h_k(k)=0$이며 함수 $g(x)$가 실수 전체의 집합에서 미분가능하므로 $g'(x+1)=g'(x)$에서 $h_k{}'(k-1)=h_k{}'(k)$이다.

즉 모든 항의 계수가 실수인 삼차함수 $h_k(x)$가 적어도 두 실근 $x=k-1,\ k$을 가지므로

$h_k(x)=(x-k+1)(x-k)(x-\alpha)$이라 할때 $h_k{}'(k-1)=h_k{}'(k)$에서 $\alpha=k-\frac{1}{2}$이다.

따라서 가능한 함수 $h_k(x)$는 $h_k(x)=(x-k+1)\left(x-k+\frac{1}{2}\right)(x-k)$로 유일하게 존재한다.

즉 $[k-1,\ k]$에서 $g(x)=(x-k+1)\left(x-k+\frac{1}{2}\right)(x-k)$이며, $f(x)=g(x)-x\left(x-\frac{1}{2}\right)(x-1)+f(0)$이다.

이때 $[k-1,\ k]$에서 $f(x)=(x-k+1)\left(x-k+\frac{1}{2}\right)(x-k)-x\left(x-\frac{1}{2}\right)(x-1)+f(0)$의 이차항의 계수

$(-k+1)+\left(-k+\frac{1}{2}\right)+(-k)+\frac{3}{2}=-3k+3$의 값이 0이 되도록 하는 k의 값에서만,

즉 $k=1$에서만 닫힌구간 $[k-1,\ k]$에서 함수 $f(x)$의 그래프는 직선의 일부이다. $\therefore\ f(0)=1$

한편 $\int_{k-1}^{k} g(x)dx=\int_{k-1}^{k} h_k(x)dx=\int_{k-1}^{k}(x-k+1)\left(x-k+\frac{1}{2}\right)(x-k)dx$이고

함수 $(x-k+1)\left(x-k+\frac{1}{2}\right)(x-k)$의 그래프가 점 $\left(k-\frac{1}{2},\ 0\right)$에 대하여 점대칭이므로

$\int_{k-1}^{k} g(x)dx=0$이다.

따라서 임의의 자연수 n에 대해 $\int_0^n g(x)dx=\sum_{k=1}^{n}\int_{k-1}^{k} g(x)dx=0$이므로

$\int_0^n f(x)dx=\int_0^n g(x)dx+\int_0^n -x\left(x-\frac{1}{2}\right)(x-1)+f(0)dx=\int_0^n -x^3+\frac{3}{2}x^2-\frac{1}{2}x+1dx$이다.

그러므로 $\int_0^2 f(x)dx = \int_0^2 -x^3+\frac{3}{2}x^2-\frac{1}{2}x+1dx = \left[-\frac{1}{4}x^4+\frac{1}{2}x^3-\frac{1}{4}x^2+x\right]_0^2 = 1$이다.

comment

조건 (나)를 해석할 때 $f(0)$에 대한 정보가 사용될 수 있으며 조건 (가)에서 모든 자연수 n에 대하여 $f(n)$의 값을 $f(0)$과 n에 대해 나타낼 수 있음을 확인하는 것이 바람직합니다.

이때 $f(n)$의 값은 자연수의 거듭제곱의 합을 이용하여 구할 수 있습니다.

> $\sum_{k=1}^{n} k^2 = \frac{n(n+1)(2n+1)}{6}$이고 수열 $\{a_n\}$과 상수 c에 대하여 $\sum_{k=1}^{n} ca_k = c\sum_{k=1}^{n} a_k$이고 $\sum_{k=1}^{n} c = cn$이므로
> $\sum_{k=1}^{n} -3k^2 = -3\sum_{k=1}^{n} k^2 = -\frac{n(n+1)(2n+1)}{2}$이다.

한편 $f(n) = -n\left(n-\frac{1}{2}\right)(n-1)+f(0)$에서 우변을 이항하여 얻은 $g(n) = f(n)+n\left(n-\frac{1}{2}\right)(n-1)-f(0)$와 모든 자연수 n에 대해 $g(n)=0$임을 확인할 수 있습니다.

이때 $x\left(x-\frac{1}{2}\right)(x-1) = h(x)$라 하면 임의의 실수 x에 대하여 $h(x+1) = h(x)+3x^2$입니다.

즉 조건 (가)에서 실수 전체의 집합에서 정의된 함수 $g(x) = f(x)+x\left(x-\frac{1}{2}\right)(x-1)-f(0)$는 임의의 실수 x에 대하여 $g(x+1) = g(x)$를 만족합니다.

또한 조건 (나)에서 임의의 정수 k에 대하여 $[k-1,\ k]$에서 곡선 $y=g(x)$가 각각 최고차항의 계수가 1인 삼차함수임을 확인할 수 있습니다. 이때 함수 $g(x)$가 실수 전체의 집합에서 미분가능하므로 $g(x)$가 유일하게 결정됨을 확인할 수 있습니다.

이는 함수 $f(x)-f(0)$이 유일하게 존재함을 의미함을 유의합시다.

한편 조건 (나)에서 곡선 $y=f(x)-f(0)$가 어떤 구간에서 이차함수의 그래프가 아님을 알 수 있으며 이때 각각의 구간에서 $f(x)-f(0)$의 이차항의 계수를 확인하면 $f(0)$의 값을 구할 수 있습니다.

한편 곡선 $y=h_k(x)$가 점 $\left(k-\frac{1}{2},\ 0\right)$에 대하여 점대칭이므로 $\int_{k-1}^{k} h_k(x)dx = 0$임을 발견하는 것이 바람직합니다.

이 경우 $\int_0^2 f(x)dx = \int_0^2 g(x)dx + \int_0^2 -x\left(x-\frac{1}{2}\right)(x-1)+1dx$이며 $\int_{k-1}^{k} h_k(x)dx = 0$에서

$\int_0^n g(x)dx = \int_0^1 g(x)dx + \int_1^2 g(x)dx + \cdots + \int_{n-2}^{n-1} g(x)dx + \int_{n-1}^{n} g(x)dx = 0$이므로

$\int_0^2 f(x)dx = \int_0^2 -x\left(x-\frac{1}{2}\right)(x-1)+1dx$임을 확인하는 것이 바람직합니다.

> 세 실수 a, b, c를 포함하는 구간에서 $f(x)$가 연속일 때, $\int_a^b f(x)dx = \int_a^c f(x)dx + \int_c^b f(x)dx$이다.

23. 다항식 $(x-3)^5$의 전개식에서 x^3의 계수는? [2점]

① -90　② -30　③ 30　④ 90　⑤ 150

해설

5번의 시행에서 x항을 3번, 상수항을 2번 곱한 경우 x^3의 항이 생긴다.

즉 ${}_5\mathrm{C}_3 \times \mathrm{x}^3 \times (-3)^2 = 90x^3$에서 x^3의 계수는 90이다.

---

24. 두 사건 A, B는 서로 독립이고

$$\mathrm{P}(A^C)=\frac{2}{3},\ \mathrm{P}(A^C \cap B^C)=\frac{1}{2}$$

일 때, $\mathrm{P}(B)$의 값은? [3점]

① $\frac{1}{2}$　② $\frac{1}{3}$　③ $\frac{1}{4}$　④ $\frac{1}{5}$　⑤ $\frac{1}{6}$

해설

$\mathrm{P}(A^C \cap B^C)=1-\mathrm{P}(A \cup B)=1-\{\mathrm{P}(A)+\mathrm{P}(B)-\mathrm{P}(A \cap B)\}=1-\{\mathrm{P}(A)+\mathrm{P}(B)-\mathrm{P}(A)\mathrm{P}(B)\}$

$=\{1-\mathrm{P}(A)\}-\mathrm{P}(B)\{1-\mathrm{P}(A)\}=\{1-\mathrm{P}(A)\}\{1-\mathrm{P}(B)\}=\mathrm{P}(A^C)\mathrm{P}(B^C)$

즉 두 사건 A, B는 서로 독립일 때 두 사건 A^C, B^C 또한 서로 독립이다.

따라서 $\mathrm{P}(B^C)=\frac{1}{2}\div\frac{2}{3}=\frac{3}{4}$, $\mathrm{P}(B)=\frac{1}{4}$이다.

---

25. 확률변수 X가 이항분포 $\mathrm{B}\left(n,\ \frac{1}{7}\right)$을 따를 때 X의 표준편차의 값이 자연수가 되도록 하는 300 이하의 자연수 n의 값은? [3점]

① 290　② 292　③ 294　④ 296　⑤ 298

해설

X의 표준편차의 값은 $\sigma(X)=\sqrt{n\times\frac{1}{7}\times\frac{6}{7}}=\frac{\sqrt{6n}}{7}$이다. $\sqrt{6n}$이 7의 배수일 때 X의 표준편차의 값이 자연수가 되므로 400 이하의 자연수 n의 값은 $6\times 7^2=294$이다.

---

26. 숫자 2, 3, 5, 7 중에서 중복을 허락하여 4개를 택해 일렬로 나열하여 만들 수 있는 모든 네 자리의 자연수 중 하나를 선택할 때, 4의 배수가 아닌 수가 선택될 확률은? [3점]

① $\frac{11}{16}$ ② $\frac{3}{4}$ ③ $\frac{13}{16}$ ④ $\frac{7}{8}$ ⑤ $\frac{15}{16}$

해설

선택한 자연수가 4의 배수인 경우 짝수이므로 일의 자리 수는 2이다.

마지막 두 자리만 고려할 때 22는 4의 배수가 아니며 십의 자리가 홀수이고 일의 자리가 2인 모든 수가 4의 배수이다. 즉 마지막 두 자리가 32, 52, 72인 경우에만 4의 배수가 된다.

마지막 두 자리를 중복을 허락하여 고르는 경우의 수는 4^2이므로 4의 배수가 아닌 수가 선택될 확률은 $1-\frac{3}{4^2}=\frac{13}{16}$이다.

---

27. 정규분포 $\mathrm{N}(m,\ \sigma^2)$을 따르는 모집단에서 크기가 100인 표본을 임의추출하여 얻은 표본평균을 이용하여 구하는 모평균 m에 대한 신뢰도 95%의 신뢰구간이 $a \le m \le b$이다.

이후 크기가 400인 표본을 임의추출하여 얻은 표본평균은 9이며 이때의 표본평균을 이용하여 구하는 모평균 m에 대한 신뢰도 99%의 신뢰구간이 $c \le m \le d$이다.

$b-c=4.25$, $b-d=1.67$일 때 a의 값은? (단, Z가 표준정규분포를 따르는 확률변수일 때, $\mathrm{P}(|Z| \le 1.96)=0.95$, $\mathrm{P}(|Z| \le 2.58)=0.99$로 계산한다.) [3점]

① 4.04 ② 5.04 ③ 6.04 ④ 7.04 ⑤ 8.04

해설

크기가 100인 표본을 임의추출하여 얻은 표본평균이 $\overline{x}$이라 할 때, 모평균 m에 대한 신뢰도 95%의 신뢰구간은 $\overline{x}-0.196\sigma \le m \le \overline{x}+0.196\sigma$이다. 즉 $a=\overline{x}-0.196\sigma$, $b=\overline{x}+0.196\sigma$이다.

크기가 400인 표본을 임의추출하여 얻은 표본평균이 9이므로 모평균 m에 대한 신뢰도 99%의 신뢰구간은 $9-0.129\sigma \le m \le 9+0.129\sigma$이다. 즉 $c=9-0.129\sigma$, $d=9+0.129\sigma$이다.

이때 $(b-c)-(b-d)=4.25-1.67=2.58=d-c=0.258\sigma$에서 $\sigma=10$이다.

또한 $b-c=(\overline{x}+0.196\sigma)-(9-0.129\sigma)=\overline{x}-9+0.325\sigma=\overline{x}-9+3.25=4.25$에서 $\overline{x}=10$이다.

따라서 a의 값은 $\overline{x}-0.196\sigma=10-1.96=8.04$이다.

28. 흰 공과 검은 공이 각각 10개 들어 있는 바구니와 비어 있는 주머니가 있다.
한 개의 동전을 사용하여 다음 시행을 한다.

> 동전을 한번 던져 앞면이 나온 경우 바구니에 있는 흰 공 2개를 주머니에 넣고
> 뒷면이 나온 경우 바구니에 있는 흰 공 1개와 검은 공 1개를 주머니에 넣는다.

주머니에 들어 있는 흰 공의 개수가 바구니에 들어 있는 흰 공의 개수보다 클 때까지 위의 시행을 반복할 때, 마지막 시행 후 주머니에 들어 있는 검은 공의 개수가 4 이하일 확률은? [4점]

① $\frac{27}{32}$ ② $\frac{7}{8}$ ③ $\frac{29}{32}$ ④ $\frac{15}{16}$ ⑤ $\frac{31}{32}$

해설

주머니에 들어 있는 검은 공의 개수의 최댓값은 뒷면만 여섯 번 나온 경우에서 6이다.
각각의 시행에서 동전이 앞면이 나온 경우를 H, 동전이 뒷면이 나온 경우를 T라 하자.
이때 HHH로 시행이 종료될 확률은 $\frac{1}{2^3}$이며 TTTTTT로 시행이 종료될 확률은 $\frac{1}{2^6}$이다.
따라서 HHH와 TTTTTT의 경우를 동일한 기댓값을 가지는 경우로 고려하면 안 됨을 주의하자.
H와 T를 중복을 허락하여 6개를 택해 일렬로 나열하여 만들 수 있는 문자열 중에서 검은 공의 개수가 5 또는 6이 되는 경우는 TTTTT 이후 H 또는 T가 나열되는 문자열뿐이다.
즉 검은 공의 개수가 5 또는 6이 되는 경우는 TTTTTH 또는 TTTTTT뿐이다.
따라서 검은 공의 개수가 4 이하일 확률은 $1-\frac{2}{2^6}=\frac{31}{32}$이다.

comment

주어진 상황에서 최대 여섯 번의 시행이 일어날 수 있음을 확인하는 것이 바람직합니다.
이때 근원사건의 발생 가능성을 동등하게 설정하기 위해 주어진 상황을 앞면이 나오는 경우 또는 뒷면이 나오는 경우를 중복을 허용하여 6개를 택해 일렬로 배열하는 경우로 고려해야합니다.

> 표본공간의 부분집합 중에서 한 개의 원소로 이루어진 사건을 근원사건이라고 한다.
> 어떤 시행에서 사건 A가 일어날 가능성을 수로 나타낸 것을 사건 A의 확률이라고 하며,
> 이것을 기호로 $P(A)$와 같이 나타낸다.
> 일반적으로 어떤 시행의 표본공간 S에 대하여 각 원소가 일어날 가능성이 모두 같은 정도로 기대될 때, 즉 근원사건의 발생 가능성이 동등하다는 것을 가정할 때, 사건 A가 일어날 확률 $\mathrm{P}(A)$는
> $\mathrm{P}(A)=\frac{n(A)}{n(S)}$로 정의하며, 이 확률을 사건 A가 일어날 수학적 확률이라고 한다.

이때 검은 공의 개수가 5 또는 6이 되는 경우를 여사건으로 고려하는 것이 바람직합니다.
따라서 주어진 조건을 만족할 확률은 조건부확률의 정의를 이용하여 구할 수 있습니다.

> 사건 A가 일어났다고 가정할 때 사건 B가 일어날 확률은 사건 A가 일어났을 때의 사건 B의 조건부확률이라고 하며, 이것을 기호로 $\mathrm{P}(B|A)$와 같이 나타낸다. 이때 $\mathrm{P}(B|A)=\frac{n(A\cap B)}{n(A)}$이다.

29. 연속확률변수 X의 확률밀도함수가 $f(x)=ax+b$ $(0 \le x \le 2)$이고 연속확률변수 Y의 확률밀도함수가 $g(x)=cx+d$ $(0 \le x \le 2)$이다. $\mathrm{P}(X=2a)=\mathrm{P}(Y=2a)=2d$일 때, $f\left(\frac{3}{4}\right)+g\left(\frac{3}{2}\right)$의 값을 구하시오. (단, a, b, c, d는 상수이며 $a \ne c$이다.) [4점]

해설

$\int_0^2 f(x)dx=\int_0^2 g(x)dx=1$에서 $\frac{1}{2}\times\{f(0)+f(2)\}\times 2=2f(1)=1$이고 $\frac{1}{2}\times\{g(0)+g(2)\}\times 2=2g(1)=1$

이므로 두 직선 $y=f(x)$와 $y=g(x)$는 점 $\left(1,\ \frac{1}{2}\right)$에서 유일하게 만난다. ($\because$ $f(x)\ne g(x)$)

따라서 $\mathrm{P}(X=1)=\mathrm{P}(Y=1)=\frac{1}{2}$, 즉 $2a=1$, $2d=\frac{1}{2}$에서 $a=\frac{1}{2}$, $d=\frac{1}{4}$이다.

또한 $f(1)=g(1)=\frac{1}{2}$에서 $b=0$, $c=\frac{1}{4}$이다.

$\therefore$ $f\left(\frac{3}{4}\right)=\frac{1}{2}\times\frac{3}{4}=\frac{3}{8}$, $g\left(\frac{3}{2}\right)=\frac{1}{4}\times\frac{3}{2}+\frac{1}{4}=\frac{5}{8}$, $f\left(\frac{3}{4}\right)+g\left(\frac{3}{2}\right)=\frac{3}{8}+\frac{5}{8}=1$

comment

연속확률변수 X와 Y의 확률밀도함수는 주어진 구간에서 정적분 값이 1임을 활용하여야 합니다.

> 연속확률변수 X의 확률밀도함수 $y=f(x)$ $(\alpha \le x \le \beta)$에 대하여 $f(x)\ge 0$, $\int_\alpha^\beta f(x)dx=1$,
> $\alpha \le a \le b \le \beta$인 두 상수 a, b에 대하여 $\mathrm{P}(a \le X \le b)=\int_a^b f(x)dx$와 같은 성질이 성립한다.

이때 정적분 값을 삼각형 또는 사다리꼴의 넓이로 해석하여 값을 구할 수 있습니다.

> 함수 $f(x)$가 닫힌구간 $[a,\ b]$에서 연속일 때, 곡선 $y=f(x)$와 x축 및 두 직선 $x=a$, $x=b$로 둘러싸인 도형의 넓이 S는 $S=\int_a^b |f(x)|dx$이다.

따라서 주어진 정보를 두 확률밀도함수의 그래프의 교점으로 해석하는 것이 바람직합니다.
이 경우 두 확률밀도함수를 구할 수 있습니다.

30. 집합 $X=\{0,\ 1,\ 2,\ 3,\ 4,\ 5\}$에 대하여 다음 조건을 만족시키는 함수 $f: X \to X$의 개수를 구하시오. [4점]

> (가) $f(0)=f(5)=0$이며 5 이하의 자연수 x에 대하여 $f(x-1) \neq f(x)$이다.
> (나) $f(x-1)<f(x)$이고 $f(x+1)<f(x)$를 만족하는 4 이하의 자연수 x가 유일하게 존재한다.

해설

조건 (나)를 만족하는 자연수 x를 n이라 하자. 즉 $f(n-1)<f(n)$이고 $f(n)>f(n+1)$이다.

집합 X의 원소 중 $n-1$보다 작은 어떤 자연수 k에 대하여 $f(k)>f(k+1)$인 경우 조건 (나)에서 $f(k-1)<f(k)$이면 k 또한 $f(x-1)<f(x)$이고 $f(x+1)<f(x)$를 만족하므로 조건 (나)를 만족하지 않는다. 따라서 $f(k)>f(k+1)$이면 $f(k-1)>f(k)$이다. ($\because\ f(k-1) \neq f(k)$)

이때 k보다 작은 X의 임의의 두 원소 $\alpha,\ \beta\ (\alpha<\beta)$에 대하여 $f(\alpha)>f(\beta)$이므로 $f(0) \neq 0$에서 주어진 조건을 만족하지 않는다. 따라서 $x \leq n-1$에서 $f(x)<f(x+1)$이다.

위와 동일하게 $x \geq n$에서 $f(x)>f(x+1)$이다.

$n=1$일 때 $f(5)=0$이므로 $f(1) \geq 4$이다.

$f(1)=4$인 경우는 $4>f(2)>f(3)>f(4)>0$에서 $f(2)=3,\ f(3)=2,\ f(4)=1$뿐이다.

$f(1)=5$인 경우의 수는 $5>f(2)>f(3)>f(4)>0$에서 4 이하의 자연수 중 $f(2),\ f(3),\ f(4)$의 값을 고르는 경우의 수이므로 ${}_4C_3=4$이다.

따라서 $n=1$인 경우의 수는 $1+4=5$이다.

$n=2$일 때 $f(5)=0$이므로 $f(2) \geq 3$이다.

$f(2)=3$인 경우의 수는 $3>f(3)>f(4)>0$에서 $f(3)=2,\ f(4)=1$이므로 $0<f(1)<3$에서 $f(1)$의 값을 고르는 경우의 수이다. 즉 $f(2)=3$인 경우의 수는 2이다.

$f(2)=4$인 경우의 수는 $f(2)=4$일 때 $f(3),\ f(4)$의 값을 고르는 경우의 수와 $f(2)=4$일 때 $f(1)$의 값을 고르는 경우의 수의 곱이다.

$4>f(3)>f(4)>0$에서 3 이하의 자연수 중 $f(3),\ f(4)$의 값을 고르는 경우의 수는 ${}_3C_2=3$이며 $0<f(1)<4$에서 $f(1)$의 값을 고르는 경우의 수는 3이다. 즉 $f(2)=4$인 경우의 수는 $3\times3=9$이다.

$f(2)=5$인 경우의 수는 $f(2)=5$일 때 $f(3),\ f(4)$의 값을 고르는 경우의 수와 $f(2)=5$일 때 $f(1)$의 값을 고르는 경우의 수의 곱이다.

$5>f(3)>f(4)>0$에서 4 이하의 자연수 중 $f(3),\ f(4)$의 값을 고르는 경우의 수는 ${}_4C_2=6$이며 $0<f(1)<5$에서 $f(1)$의 값을 고르는 경우의 수는 4이다. 즉 $f(2)=5$인 경우의 수는 $6\times4=24$이다.

따라서 $n=2$인 경우의 수는 $2+9+24=35$이다.

한편 $f(x)$에서 $n=3$인 경우의 수는 $f(5-x)$에서 $n=2$인 경우의 수와 동일하다.

또한 $f(x)$에서 $n=4$인 경우의 수는 $f(5-x)$에서 $n=1$인 경우의 수와 동일하다.

따라서 주어진 조건을 만족시키는 함수 $f: X \to X$의 개수는 $2\times(5+35)=80$이다.

comment

조건 (나)를 만족하는 자연수 x를 n이라 할 때 $x \leq n$에서 $f(x)$가 증가하며 $x > n$에서 $f(x)$가 감소하는 것은 귀류법으로 고려해보는 것이 바람직합니다.

명제 $p \rightarrow q$가 참임을 증명하고자 할 때, 그 명제의 결론 q를 부정하면 명제의 가정이나 참이라고 알려진 사실에 모순이 된다는 것을 밝혀 명제 $p \rightarrow q$가 참임을 증명하는 방법을 귀류법이라고 한다.

따라서 n의 값에 따라 경우를 나눈 이후 $f(n)$의 값에 따라 추가적으로 경우를 나누어 고려하는 것이 바람직합니다. 이때 조건 (가)와 $f(x)$의 증감에 대한 정보를 통해 각각의 경우의 수는 곱의 법칙과 조합을 이용해 구하는 것이 바람직합니다.

두 사건 P, Q에 대하여 두 사건 P, Q가 동시에 일어나는 경우의 수는 (사건 P가 일어나는 경우의 수) $\times$ (그 각각에 대하여 사건 Q가 일어나는 경우의 수)이고, 이를 곱의 법칙이라고 한다.

일반적으로 서로 다른 n개에서 $r(0 < r \leq n)$개를 택하는 것을 n개에서 r개를 택하는 조합이라고 하며, 이 조합의 수를 기호로 ${}_n\mathrm{C}_r$와 같이 나타낸다.

한편 $n=3$인 경우의 수는 $n=2$인 경우의 수와 동일함을, $n=4$인 경우의 수는 $n=1$인 경우의 수와 동일함을 발견하여 모든 경우의 수를 구하는 것이 바람직합니다.

23. $\lim_{x \to 0} \frac{e^{7x}-1}{e^{3x}-1}$의 값은? [2점]

① $\frac{3}{7}$ ② $\frac{2}{3}$ ③ 1 ④ $\frac{3}{2}$ ⑤ $\frac{7}{3}$

해설

$\lim_{x \to 0} \frac{e^{7x}-1}{e^{3x}-1} = \lim_{x \to 0} \left(\frac{e^{7x}-1}{7x} \times \frac{7x}{3x} \times \frac{3x}{e^{3x}-1} \right) = \frac{7}{3}$

---

24. 실수 전체의 집합에서 미분가능한 함수 $f(x)$가 모든 양수 x에 대하여

$f(\ln x) = x^4 + x$을 만족시킬 때, $f'(1)$의 값은? [3점]

① $4e^4+1$ ② $4e^4+e$ ③ $4e^4+e^2$ ④ $4e^4+e^3$ ⑤ $5e^4$

해설

$\frac{d}{dx}\{f(\ln x)\} = \frac{1}{x}f'(\ln x) = 4x^3+1$이며 $x=e$에서 $\ln e = 1$이므로 $\frac{1}{e}f'(1) = 4e^3+1$, $f'(1) = 4e^4+e$이다.

---

25. 1보다 큰 양수 m에 대하여 두 직선 $y=mx$와 $y=x$가 이루는 각의 크기를 $f(m)$이라 하자.

$f'(2)\sec^2 f(2)$의 값은? [3점]

① $\frac{2}{25}$ ② $\frac{1}{8}$ ③ $\frac{2}{9}$ ④ $\frac{1}{2}$ ⑤ 2

해설

$m>1$이므로 $\tan f(m) = \frac{m-1}{1+m} = 1 - \frac{2}{m+1}$에서 $\tan f(m) = 1 - \frac{2}{m+1}$의 양변을 미분하면

$f'(m)\sec^2 f(m) = \frac{2}{(m+1)^2}$이다. 이때 $m=2$에서 $f'(2)\sec^2 f(2) = \frac{2}{9}$이다.

---

26. 그림과 같이 곡선 $y=1+\sec x$ $\left(0 \le x \le \frac{\pi}{3}\right)$와 x축, y축 및 직선 $x=\frac{\pi}{3}$로 둘러싸인 부분을 밑면으로 하는 입체도형이 있다. 이 입체도형을 x축에 수직인 평면으로 자른 단면이 모두 정사각형일 때, 이 입체도형의 부피는? [3점]

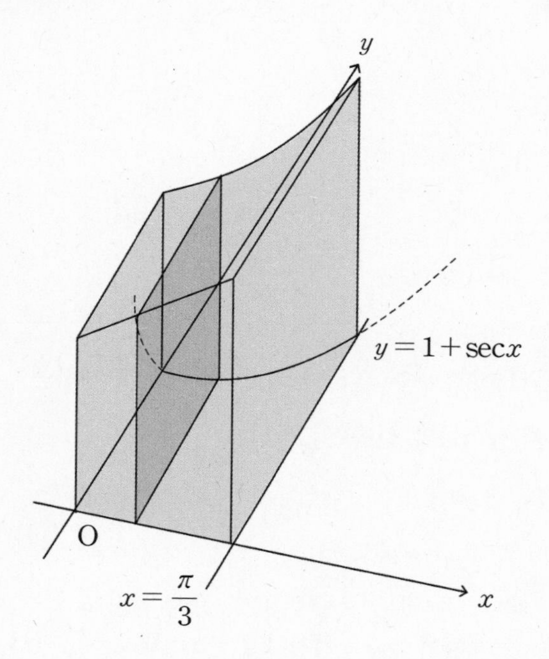

① $\frac{\pi}{3}+\sqrt{3}+\ln(4+2\sqrt{3})$　② $\frac{\pi}{3}+\sqrt{3}+\ln(7+4\sqrt{3})$　③ $\frac{\pi}{3}+\sqrt{3}+\ln(12+6\sqrt{3})$

④ $\frac{\pi}{3}+\sqrt{3}+\ln(19+8\sqrt{3})$　⑤ $\frac{\pi}{3}+\sqrt{3}+\ln(28+10\sqrt{3})$

해설

$\int_0^{\frac{\pi}{3}} y^2 dx = \int_0^{\frac{\pi}{3}} \sec^2 x + 2\sec x + 1 dx = \int_0^{\frac{\pi}{3}} \sec^2 x dx + 2\int_0^{\frac{\pi}{3}} \sec x\, dx + \frac{\pi}{3}$

$= [\tan x]_0^{\frac{\pi}{3}} + 2[\ln|\sec x + \tan x|]_0^{\frac{\pi}{3}} + \frac{\pi}{3}$

$= (\sqrt{3}-0) + 2(\ln|2+\sqrt{3}| - \ln|1|) + \frac{\pi}{3} = \frac{\pi}{3} + \sqrt{3} + \ln(7+4\sqrt{3})$

---

27. $x=0$에서 $x=t$ $(t>0)$까지 곡선 $y=\frac{1}{3}(x^2+2)^{\frac{3}{2}}$의 길이를 $f(t)$라 하자. $f'(1)$의 값은? [3점]

① 1　② 2　③ 3　④ 4　⑤ 5

해설

$f(t) = \int_0^t \sqrt{1+\left(\frac{dy}{dx}\right)^2}\, dx = \int_0^t \sqrt{1+\left(\frac{1}{2}(x^2+2)^{\frac{1}{2}} \times 2x\right)^2}\, dx = \int_0^t \sqrt{1+x^2(x^2+2)}\, dx = \int_0^t (x^2+1) dx$

에서 $f'(t)=t^2+1$이므로 $f'(1)=2$이다.

---

28. 실수 전체의 집합에서 미분가능한 함수 $f(x)$는 다음 조건을 만족한다.

(가) 함수 $f(x)f'(x)$는 최고차항의 계수가 2인 삼차함수이다. (나) 방정식 $f(x)=\sqrt{6x}$의 서로 다른 네 실근을 크기순으로 나열한 것은 등차수열을 이룬다.

$f(0)=0$일 때, $f'(-1)+f'(7)$의 값은? [4점]

① $\frac{1}{3}\sqrt{2}$ ② $4\sqrt{2}$ ③ $\frac{23}{3}\sqrt{2}$ ④ $\frac{34}{3}\sqrt{2}$ ⑤ $15\sqrt{2}$

해설

조건 (가)에서 $\{f(x)\}^2=g(x)$라 할 때 함수 $g(x)$는 미분가능한 함수이며 $g'(x)=2f(x)f'(x)$에서 함수 $g'(x)$는 최고차항의 계수가 4인 삼차함수이다.

즉 함수 $g(x)$는 최고차항의 계수가 1인 사차함수이며 $g(x)\geq 0$이다.

이때 $f(0)=0$에서 $g(0)=0$이므로 $g'(0)=0$이다. 즉, 함수 $g(x)$의 일차항의 계수는 0이다.

한편 곡선 $y=\sqrt{6x}$는 원점과 제1사분면 위에만 존재한다.

즉 조건 (나)에서 $\sqrt{6x}\geq 0$이고 $f(x)=\sqrt{6x}$일 때 $f(x)\geq 0$이므로 방정식 $f(x)=\sqrt{6x}$의 서로 다른 네 음이 아닌 실근은 방정식 $g(x)=6x$의 서로 다른 네 음이 아닌 실근과 동일하다.

$f(0)=0$이므로 조건 (나)의 등차수열의 공차를 d $(d>0)$라 할 때,

$g(x)-6x=x(x-d)(x-2d)(x-3d)$이다.

이때 좌변의 일차항의 계수가 -6이고 우변의 일차항의 계수가 $-6d^3$에서 $-6=-6d^3$이다.

$\therefore\ d=1,\ g(x)=x(x-1)(x-2)(x-3)+6x=x^4-6x^3+11x^2$

이때 $x>0$에서 $f(x)=\sqrt{g(x)}$임을 확인하였으므로 $x=0$에서 $f(x)$의 미분가능성을 확인하자.

$x=0$에서 $f(x)$의 우미분계수는

$$\lim_{h\to 0+}\frac{\sqrt{h^4-6h^3+11h^2}-f(0)}{h}=\lim_{h\to 0+}\frac{|h|}{h}\times\sqrt{h^2-6h+11}=\sqrt{11}$$ 이며,

$x<0$에서 $f(x)=\sqrt{g(x)}$인 경우 $f(x)$의 좌미분계수는 $\lim_{h\to 0+}\frac{f(0)-\sqrt{(-h)^4-6(-h)^3+11(-h)^2}}{0-(-h)}$

$$=\lim_{h\to 0+}\frac{-\sqrt{h^4+6h^3+11h^2}}{h}=\lim_{h\to 0+}-\frac{|h|}{h}\times\sqrt{h^2+6h+11}=-\sqrt{11}$$ 이므로 함수 $f(x)$는 $x=0$에서 미분가능하지 않다.

한편 $x<0$에서 $f(x)=-\sqrt{g(x)}$일 때, $f(x)$의 좌미분계수는

$$\lim_{h\to 0+}\frac{f(0)+\sqrt{(-h)^4-6(-h)^3+11(-h)^2}}{0-(-h)}=\lim_{h\to 0+}\frac{\sqrt{h^4+6h^3+11h^2}}{h}=\lim_{h\to 0+}\frac{|h|}{h}\times\sqrt{h^2+6h+11}=\sqrt{11}$$

이므로 함수 $f(x)$는 $x=0$에서 미분가능하다. 따라서 $x<0$에서 $f(x)=-\sqrt{g(x)}$이다.

$$\therefore\ f(x)=\begin{cases}\sqrt{x^4-6x^3+11x^2} & (x\geq 0)\\ -\sqrt{x^4-6x^3+11x^2} & (x<0)\end{cases}=x\sqrt{x^2-6x+11}$$

이때 $f'(x) = \sqrt{x^2-6x+11} + x \times \frac{1}{2}(x^2-6x+11)^{-\frac{1}{2}} \times (2x-6) = \frac{(x^2-6x+11)+x(x-3)}{\sqrt{x^2-6x+11}}$ 이므로

$f'(-1)+f'(7) = \frac{11}{3}\sqrt{2} + \frac{23}{3}\sqrt{2} = \frac{34}{3}\sqrt{2}$ 이다.

comment

조건 (가)에서 $\frac{d}{dx}\{f(x)\}^2 = 2f(x)f'(x)$임을 활용하기 위해 $\{f(x)\}^2 = g(x)$라 정의하는 것이 바람직합니다. 이때 $g(x) \geq 0$이며 $g(0) = 0$이므로 함수 $g(x)$는 $x = 0$에서 극소임을 관찰해야 합니다.

> 함수 $f(x)$에서 $x = b$를 포함하는 어떤 열린구간에 속하는 모든 x에 대하여 $f(x) \geq f(b)$이면 함수 $f(x)$는 $x = b$에서 극소라고 하며, $f(a)$를 극솟값이라고 한다.

또한 $g(0) = 0$에서 방정식 $f(x) = \sqrt{6x}$의 가장 작은 실근이 $x = 0$임을 관찰하는 것이 바람직합니다. 이때 조건 (나)에서 주어진 등차수열의 공차와 $g(x)$에 대한 관계식이 항등식이므로 일차항의 계수를 비교하여 함수 $g(x)$를 특정하는 것이 바람직합니다.

> 항등식의 성질을 이용하여 등식에서 미지의 계수를 정하는 방법을 미정계수법이라고 한다.
> 미정계수법에는 양변의 문자에 적당한 수를 대입하여 미지의 계수를 정하는 방법과 양변의 계수를 비교하여 미지의 계수를 정하는 방법이 있다. 각각을 수치대입법과 계수비교법이라 한다.

한편 $f(x) = \sqrt{g(x)}$인 경우와 $f(x) = -\sqrt{g(x)}$인 경우에 따라 $x = 0$에서 미분가능성이 결정됩니다. 각각의 상황에서 좌미분계수와 우미분계수를 비교하여 $f(x)$를 특정하는 것이 바람직합니다.

> 함수 $y = f(x)$에서 x의 값이 a에서 $a + \Delta x$까지 변할 때의 평균변화율에 대하여 $\Delta x \to 0$일 때 평균변화율의 극한값이 존재하면 함수 $y = f(x)$는 $x = a$에서 미분가능하다.

---

29. 모든 자연수 n에 대하여 두 점 $\left(\frac{1}{3}, \frac{1}{3^n}\right)$, $\left(\frac{1}{2}, \frac{1}{2^n}\right)$을 지나는 직선은 두 점 $\left(\frac{1}{3^{2n}} + \frac{1}{2^{2n}}, a_n\right)$, $\left(-\frac{1}{6^n}, b_n\right)$을 지난다. $\sum_{n=1}^{\infty} a_n - \sum_{n=1}^{\infty} b_n = \frac{q}{p}$일 때, $p+q$의 값을 구하시오.

(단, p와 q는 서로소인 자연수이다.) [4점]

해설

두 점 $\left(\frac{1}{3}, \frac{1}{3^n}\right)$, $\left(\frac{1}{2}, \frac{1}{2^n}\right)$을 지나는 직선의 기울기가 $\frac{\frac{1}{2^n} - \frac{1}{3^n}}{\frac{1}{2} - \frac{1}{3}} = 6 \times \left(\frac{1}{2^n} - \frac{1}{3^n}\right)$이므로

$$a_n - b_n = 6 \times \left(\frac{1}{2^n} - \frac{1}{3^n}\right) \times \left\{\left(\frac{1}{3^{2n}} + \frac{1}{2^{2n}}\right) - \left(-\frac{1}{6^n}\right)\right\} = 6 \times \left(\frac{1}{2^n} - \frac{1}{3^n}\right) \times \left(\frac{1}{2^{2n}} + \frac{1}{2^n 3^n} + \frac{1}{3^{2n}}\right) = \frac{6}{2^{3n}} - \frac{6}{3^{3n}}$$

이다.

따라서 $\sum_{n=1}^{\infty} a_n - \sum_{n=1}^{\infty} b_n = \sum_{n=1}^{\infty} (a_n - b_n) = \dfrac{\dfrac{6}{2^3}}{1-\dfrac{1}{2^3}} - \dfrac{\dfrac{6}{3^3}}{1-\dfrac{1}{3^3}} = \dfrac{6}{7} - \dfrac{6}{26} = \dfrac{19\times6}{7\times26} = \dfrac{57}{91}$이다.

$\therefore p=91,\ q=57,\ p+q=148$

comment

$\sum_{n=1}^{\infty} a_n - \sum_{n=1}^{\infty} b_n = \sum_{n=1}^{\infty} (a_n - b_n)$에서 $a_n - b_n$을 관찰하는 것이 바람직합니다.

> 수렴하는 두 급수 $\sum_{n=1}^{\infty} a_n$, $\sum_{n=1}^{\infty} b_n$에서 $\sum_{n=1}^{\infty} (a_n + b_n) = \sum_{n=1}^{\infty} a_n + \sum_{n=1}^{\infty} b_n$, $\sum_{n=1}^{\infty} (a_n - b_n) = \sum_{n=1}^{\infty} a_n - \sum_{n=1}^{\infty} b_n$ 이다.

이때 두 점을 지나는 직선의 기울기, 즉 평균변화율과 x의 증분의 곱은 y의 증분이 됨을 활용하는 것이 바람직합니다.

> 함수 $y=f(x)$는 x의 값이 a에서 b까지 변할 때, y의 값은 $f(a)$에서 $f(b)$까지 변한다. 이때 값의 변화량을 증분이라 하며, 기호로 각각 $\Delta x = b-a$, $\Delta y = f(b)-f(a) = f(a+\Delta x)-f(a)$와 같이 나타낸다. 또, $\dfrac{\Delta y}{\Delta x} = \dfrac{f(b)-f(a)}{b-a} = \dfrac{f(a+\Delta x)-f(a)}{\Delta x}$를 x의 값이 a에서 b까지 변할 때의 혹은, $x=a$에서의 x의 증분이 Δx일 때의 함수 $y=f(x)$의 평균변화율이라 한다.
> 따라서 평균변화율은 함수의 그래프에서 두 점을 지나는 직선의 기울기와 같은 의미이다.

마지막으로 주어진 급수를 계산할 때 곱셈 공식 $(a-b)(a^2+ab+b^2) = a^3-b^3$을 활용하여 계산하는 것이 바람직합니다. 등비급수는 아래의 공식을 활용하여 계산할 수 있습니다.

> 첫째항이 a $(a \neq 0)$, 공비가 r인 등비수열 $\{ar^{n-1}\}$에 대하여 $\sum_{n=1}^{\infty} ar^{n-1} = \dfrac{a}{1-r}$ 이다.

30. 실수 전체의 집합에서 미분가능한 함수 $f(x)$와 최고차항의 계수가 1인 이차함수 $g(x)$가 다음 조건을 만족할 때, $\dfrac{f'(5)}{f'(1)}$의 값을 구하시오. (단, $\lim_{x \to -\infty} f(x) = 0$) [4점]

> (가) $x \neq 2$에서 $f(x) = \dfrac{f'(x)g(x) - f(x)g'(x)}{g(x)}$이다.
> (나) 음이 아닌 모든 실수 p에 대하여 x에 대한 방정식 $f(x) = p$는 오직 한 실근만을 갖는다.
> (다) 방정식 $|f(x)| = 4$은 서로 다른 두 실근만을 가지며 이때 두 실근의 합은 4이다.

해설

조건 (가)에서 $x \neq 2$에서 $g(x) \neq 0$이므로 $x \neq 2$에서 $\dfrac{f(x)}{g(x)} = \dfrac{f'(x)g(x) - f(x)g'(x)}{\{g(x)\}^2} = \left(\dfrac{f(x)}{g(x)}\right)'$이다.

$x \neq 2$에서 $\dfrac{f(x)}{g(x)} = h(x)$라 할 때 $h(x) = h'(x)$이므로 $\ln|h(x)| = x + C$라 할 때 $|h(x)| = e^{x+C}$이다.

이때 실수 전체의 집합에서 $|h(x)| = e^{x+C} \neq 0$이므로 $x \neq 2$에서 $f(x) \neq 0$이다.

한편 조건 (나)에서 방정식 $f(x) = 0$이 오직 한 실근만을 가진다.

이때 명제 "$x \neq 2$에서 $f(x) \neq 0$이다."의 대우는 "$f(x) = 0$이면 $x = 2$이다."이므로 $f(2) = 0$이다.

한편 $\lim_{x \to 2} \dfrac{f(x)}{g(x)} = \lim_{x \to 2} h(x) = h(2) \neq 0$이므로 $\lim_{x \to 2} g(x) = 0$이다. 즉 $g(2) = 0$이다.

또한 명제 "$x \neq 2$에서 $g(x) \neq 0$이다."의 대우는 "$g(x) = 0$이면 $x = 2$이다."이므로

방정식 $g(x) = 0$은 $x = 2$가 아닌 어떠한 실근도 가지지 않는다. 다시 말해 $g(x) = (x-2)^2$이다.

즉 $x \neq 2$에서 $f(x) = (x-2)^2 e^{x+C_1}$ 또는 $f(x) = -(x-2)^2 e^{x+C_2}$이다. (이때 $C_1 = C_2$ 또는 $C_1 \neq C_2$이다.)

$x < 2$에서 $f(x) = (x-2)^2 e^{x+C_1}$인 경우 $f'(x) = x(x-2)e^{x+C_1}$에서 함수 $f(x)$는 $x = 0$에서 극대이다.

즉 $x < 2$에서 $0 < t < f(0)$인 모든 실수 t에 대해 방정식 $f(x) = t$가 서로 다른 두 실근을 가진다.

따라서 $x < 2$에서 $f(x) = (x-2)^2 e^{x+C_1}$인 경우는 주어진 조건을 만족하지 않는다.

즉 $x < 2$에서 $f(x) = -(x-2)^2 e^{x+C_2}$이다.

$x > 2$에서 $f(x) = -(x-2)^2 e^{x+C_2}$인 경우 임의의 양수 t에 대하여 방정식 $f(x) = 0$은 어떤 실근도 가지지 않는다. 따라서 $x > 2$에서 $f(x) = (x-2)^2 e^{x+C_1}$이다. $\therefore f(x) = \begin{cases} (x-2)^2 e^{x+C_1} & (x \geq 2) \\ -(x-2)^2 e^{x+C_2} & (x < 2) \end{cases}$

이때 함수 $y = |f(x)|$는 $x = 0$에서 극댓값 $4e^{C_2}$를 가지며 $x = 2$에서 극솟값 0을 가진다.

따라서 방정식 $|f(x)| = t$의 서로 다른 실근의 개수는 $t < 0$에서 0, $t = 0$에서 1, $0 < t < 4e^{C_2}$에서 3, $t = 4e^{C_2}$에서 2, $t > 4e^{C_2}$에서 1이다. 즉 조건 (다)에서 $4 = 4e^{C_2}$, $C_2 = 0$이다.

또한 방정식 $f(x) = 4$의 한 실근이 $x = 0$이므로 다른 한 실근은 $x = 4$이며 $f(4) = 4e^{4+C_1} = 4$에서 $C_1 = -4$이다.

$\therefore\ f'(x)=\begin{cases} x(x-2)e^{x-4} & (x \geq 2) \\ -x(x-2)e^{x} & (x<2) \end{cases}$, $\dfrac{f'(5)}{f'(1)}=\dfrac{15e}{e}=15$

comment

조건 (가)에서 $x \neq 2$일 때 $g(x) \neq 0$이므로 몫의 미분법을 활용하기 위해 양변을 $g(x)$로 나누어

$\left\{\dfrac{f(x)}{g(x)}\right\}'=\dfrac{f'(x)g(x)-f(x)g'(x)}{\{g(x)\}^2}$으로 관찰하는 것이 바람직합니다.

이후 함수 $h(x)=\dfrac{f(x)}{g(x)}$를 정의하여 치환적분법으로 관찰하는 것이 바람직합니다.

> $\displaystyle\int \frac{f'(x)}{f(x)}dx$의 꼴의 부정적분에서 치환적분법을 적용할 때, $f(x)=t$로 놓으면 $\dfrac{dt}{dx}=f'(x)$이므로
>
> 치환적분법에 의하여 $\displaystyle\int \frac{f'(x)}{f(x)}dx=\int \frac{1}{f(x)}\times f'(x)dx=\int \frac{1}{t}dt=\ln|t|+C=\ln|f(x)|+C$이다.

이때 구간별로 정의된 함수에서 각각의 구간에서 치환적분법을 적용할 때 생긴 적분상수 C의 값이 동일하지 않을 수 있음을 유의해야 합니다.

한편 조건 (나)와 명제 "$x \neq 2$일 때 $f(x) \neq 0$이다."의 대우에서 $f(2)=0$을 발견할 수 있습니다.

> 명제 $p \rightarrow q$가 참이면 그 대우 $\sim q \rightarrow\ \sim p$도 참이므로 어떤 명제가 참임을 보이는 대신 그 대우가 참임을 보여도 된다. 이를 대우증명법이라 한다.

이때 $\displaystyle\lim_{x\to 2}\frac{f(x)}{g(x)}=\lim_{x\to 2}h(x)=h(2)\neq 0$에서 $g(2)$의 값 또한 0임을 확인할 수 있습니다.

> 상수 α에 대하여 $\displaystyle\lim_{x\to a}\frac{f(x)}{g(x)}=\alpha$이고 $\displaystyle\lim_{x\to a}g(x)=0$이면
>
> $\displaystyle\lim_{x\to a}f(x)=\lim_{x\to a}\left\{\frac{f(x)}{g(x)}\times g(x)\right\}=\lim_{x\to a}\frac{f(x)}{g(x)}\times\lim_{x\to a}g(x)=\alpha\times 0=0$이다.
>
> $\displaystyle\lim_{x\to a}\frac{f(x)}{g(x)}=\alpha$이고 $\displaystyle\lim_{x\to a}f(x)=0$이면 $\dfrac{1}{\displaystyle\lim_{x\to a}\frac{f(x)}{g(x)}}=\lim_{x\to a}\dfrac{1}{\frac{f(x)}{g(x)}}=\lim_{x\to a}\frac{g(x)}{f(x)}=\frac{1}{\alpha}$이다.
>
> 따라서 위에서 증명한 바와 같이 $\displaystyle\lim_{x\to a}g(x)=0$이다.

마지막으로 조건 (다)에서 $f(x)$의 극값에 대한 정보를 관찰하여 함수 $f(x)$를 특정하는 것이 바람직합니다.

김지헌 수학 핏모의고사 3회 해설지

공통과목

1	2	3	4	5
③	④	④	②	④
6	**7**	**8**	**9**	**10**
①	⑤	⑤	②	④
11	**12**	**13**	**14**	**15**
②	②	②	②	③
16	**17**	**18**	**19**	**20**
2	11	16	3	27
21	**22**			
4	36			

확률과 통계

23	24	25	26
④	③	⑤	④
27	**28**	**29**	**30**
⑤	②	8	345

미적분

23	24	25	26
①	①	②	③
27	**28**	**29**	**30**
③	②	2	4

1. $\sqrt[3]{12} \times 96^{\frac{2}{3}}$의 값은? [2점]

① 24 ② 36 ③ 48 ④ 60 ⑤ 72

해설

$\sqrt[3]{12} \times 96^{\frac{2}{3}} = \sqrt[3]{12} \times (8 \times 12)^{\frac{2}{3}} = 12 \times 4 = 48$

---

2. 함수 $f(x) = x^3 - 2x^2 + 4x - 8$에 대하여 $\lim_{x \to 2} \frac{f(x) - f(2)}{x - 2}$의 값은? [2점]

① 2 ② 4 ③ 6 ④ 8 ⑤ 10

해설

$f'(x) = 3x^2 - 4x + 4$이므로 $\lim_{x \to 2} \frac{f(x) - f(2)}{x - 2} = f'(2) = 8$이다.

---

3. 등차수열 $\{a_n\}$에 대하여 $a_2 + a_4 = -2a_5$, $a_6 = 4$일 때 a_8의 값은? [3점]

① 2 ② 4 ③ 6 ④ 8 ⑤ 10

해설

$a_2 + a_4 = 2a_3 = -2a_5$이므로 $a_4 = \frac{a_3 + a_5}{2} = 0$이다. 이때 $a_8 - a_6 = a_6 - a_4$에서 $2a_6 = a_8$이므로 $a_8 = 8$이다.

---

4. 함수 $f(x) = \begin{cases} x^2 + 4 & (x \le 4) \\ ax & (x > 4) \end{cases}$가 실수 전체의 집합에서 연속일 때, 상수 a의 값은? [3점]

① 4 ② 5 ③ 6 ④ 7 ⑤ 8

해설

$f(4) = \lim_{x \to 4+} f(x)$에서 $20 = 4a$이므로 $a = 5$이다.

---

5. 함수 $f(x) = |x^2 - k|$가 $x = 2$에서 극소일 때 상수 k의 값은? [3점]

① 1 ② 2 ③ 3 ④ 4 ⑤ 5

해설

실수 전체의 집합에서 $x^2 - k \ge -k$이므로 $k \le 0$일 때 $f(x)$는 $x = 0$에서만 극소이다.

따라서 $k > 0$이며 $f(x) = 0$일 때 $f(x)$가 극소이므로 $f(2) = |4 - k| = 0$에서 $k = 4$이다.

6. 함수 $f(x)=2x^3-6kx^2+24x+8$이 극값을 가지지 않을 때 k의 최솟값은? [3점]

① -2　② -1　③ 0　④ 1　⑤ 2

해설

이차함수 $f'(x)=6x^2-12kx+24$가 $x=k$에서 최솟값 $f'(k)=-6k^2+24$을 가지므로 $24-6k^2\geq 0$일 때 함수 $f(x)$가 극값을 가지지 않는다. 따라서 $-2\leq k\leq 2$이므로 k의 최솟값은 -2이다.

---

7. $\frac{\pi}{6}\leq\theta\leq\frac{5}{6}\pi$에서 $8\sin\theta-4\cos^2\theta$의 최솟값을 α, 최댓값을 β라 하자. $\beta-\alpha$의 값은? [3점]

① 3　② 4　③ 5　④ 6　⑤ 7

해설

$8\sin\theta-4\cos^2\theta=8\sin\theta-4(1-\sin^2\theta)=4\sin^2\theta+8\sin\theta-4=4(\sin\theta+1)^2-8$이며 $\sin\frac{\pi}{6}=\sin\frac{5\pi}{6}=\frac{1}{2}$

이므로 $\frac{\pi}{6}\leq\theta\leq\frac{5}{6}\pi$에서 $\frac{3}{2}\leq\sin\theta+1\leq 2$이다. $\therefore\alpha=4\times\left(\frac{3}{2}\right)^2-8=1$, $\beta=4\times 2^2-8=8$, $\beta-\alpha=7$

---

8. 삼차함수 $f(x)=ax^3+bx$가 $\int_{-2}^{0}f(x)+f'(x)dx=4$, $\int_{0}^{2}f(x)+f'(x)dx=6$을 만족시킬 때

$f(2)$의 값은? (단, a와 b는 상수이다.) [3점]

① 1　② 2　③ 3　④ 4　⑤ 5

해설

곡선 $y=f(x)$가 원점에 대하여 대칭이며 곡선 $y=f'(x)$가 y축에 대하여 대칭이다.

즉 $\int_{-2}^{0}f(x)dx=-\int_{0}^{2}f(x)dx$이며 $-f(-2)=f(2)$이다.

$\therefore\ \int_{-2}^{0}f(x)+f'(x)dx+\int_{0}^{2}f(x)+f'(x)dx=\int_{-2}^{2}f(x)+f'(x)dx=\int_{-2}^{2}f'(x)dx=f(2)-f(-2)=2f(2)=10$

따라서 $f(2)=5$이다.

---

9. x에 대한 이차방정식 $x^2-2^ax+3^b=0$의 한 실근이 다른 실근의 두 배일 때 $\frac{b+2}{2a+1}$의 값은? [4점]

① $(\log_3 2)^2$　② $\log_3 2$　③ 1　④ $\log_2 3$　⑤ $(\log_2 3)^2$

해설

$x^2-2^ax+3^b=(x-k)(x-2k)=x^2-3kx+2k^2$이라 할 때 $2^a=3k$, $3^b=2k^2$에서 $3^b=2\times\left(\frac{2^a}{3}\right)^2$이다.

즉 $9\times 3^b=2\times 2^{2a}$에서 $3^{b+2}=2^{2a+1}$이므로 $b+2=(2a+1)\times\log_3 2$이다. 따라서 $\frac{b+2}{2a+1}=\log_3 2$이다.

comment

주어진 조건에서 두 실근을 k, $2k$라 할 때 $x^2-2^a x+3^b=(x-k)(x-2k)$이 x에 대한 항등식이므로 계수비교법을 활용하는 것이 바람직합니다.

미정계수법에는 양변의 문자에 적당한 수를 대입하여 미지의 계수를 정하는 방법과 양변의 계수를 비교하여 미지의 계수를 정하는 방법이 있다. 각각을 수치대입법과 계수비교법이라 한다.

3^b을 2^a에 대하여 나타낸 이후 지수법칙에서 $3^{b+2}=2^{2a+1}$임을 관찰할 수 있습니다.

$a\neq 0$이고 r, s가 실수일 때 지수법칙 $a^r a^s=a^{r+s}$이 성립한다.

마지막으로 로그의 성질을 활용하여 $\dfrac{b+2}{2a+1}$의 값을 구할 수 있습니다.

$a>0$, $a\neq 1$, $M>0$, k가 실수일 때 $\log_a M^k=k\log_a M$이다.

---

10. 시각 $t=0$일 때 동시에 같은 속도로 원점을 출발하여 수직선 위를 움직이는 두 점 P, Q가 있다. 출발 후 두 점 P, Q가 오직 한 번 만나며 두 점 P, Q가 만날 때 점 P의 운동 방향이 변한다. 시각 t $(t\geq 0)$에서의 점 P의 가속도 $a_1(t)$가 $a_1(t)=-2$이고 점 Q의 가속도 $a_2(t)$가 $a_2(t)=12t^2-12t$일 때 시각 $t=3$에서 점 Q의 위치는? [4점]

① 30 ② 31 ③ 32 ④ 33 ⑤ 34

해설

원점에서 두 점 P, Q의 속도가 동일하므로 이 값을 p라 하자.

이때 시각 t $(t\geq 0)$에서의 점 P의 속도는 $-2t+p$이므로 점 P의 적어도 한번 운동 방향이 변함에 따라 $p>0$이며 $t=\dfrac{p}{2}$에서 점 P의 운동 방향이 변한다.

또한 시각 t $(t\geq 0)$에서의 점 P의 위치는 $-t^2+pt$이다.

한편 시각 t $(t\geq 0)$에서의 점 Q의 속도는 $4t^3-6t^2+p$이므로 점 Q의 위치는 t^4-2t^3+pt이다.

이때 t에 대한 함수 t^4-2t^3+pt의 그래프와 함수 $-t^2+pt$의 그래프가 원점과 $t=\dfrac{p}{2}$에서 접한다.

즉 $t^4-2t^3+pt=-t^2+pt+t^2\left(t-\dfrac{p}{2}\right)^2$에서 양변의 삼차항의 계수를 비교하면 $-2=-p$에서 $p=2$이다.

따라서 시각 t에서 점 Q의 위치는 t^4-2t^3+2t이므로 시각 $t=3$에서 점 Q의 위치는 33이다.

comment

가속도에 대한 식에서 부정적분을 활용하여 속도에 대한 식을 구할 때 적분상수를 설정하여야 합니다.

> 부정적분은 미분의 역의 관계지만 $\int f(x)dx$가 특정되지 않으므로 적분상수를 반드시 써야 한다.

한편 원점에서 두 점 P, Q의 속도가 동일하다는 정보가 주어져있으므로 이 값을 미지수로 설정하여 속도에 대한 식을 구하는 것이 바람직합니다.

> 점 P가 수직선 위를 움직일 때, 시각 t에서의 점 P의 위치를 $x=f(t)$라 하자.
> 함수 $f(t)$의 평균변화율과 점 P의 평균 속도가 같으므로 $\frac{\Delta x}{\Delta t}=\frac{f(t+\Delta t)-f(t)}{\Delta t}$이다.
> $x=f(t)$의 순간변화율을 시각 t에서의 점 P의 속도(v)라고 하며, 그 절댓값을 속력이라고 한다.
> 또한, 시각 t에서의 점 P의 속도(v)의 순간변화율을 시각 t에서의 점 P의 가속도(a)라고 한다.

이후 두 점 P, Q가 시각 $t=0$일 때 동시에 같은 속도로 원점을 출발한다는 정보를 두 점 P, Q의 위치에 대한 그래프가 접한다고 해석하는 것이 바람직합니다.

두 점 P, Q가 만날 때 점 P의 운동 방향이 변화한다는 정보 또한 두 점 P, Q의 위치에 대한 그래프가 접한다고 해석하는 것이 바람직합니다.

이때 인수정리를 사용하여 관계식을 얻어낼 수 있습니다.

> 다항식 $P(x)$를 일차식 $x-\alpha$로 나누어떨어지면 $P(\alpha)=0$이다. 또 $P(\alpha)=0$이면 $P(x)$가 $x-\alpha$로 나누어떨어진다.

> 미분가능한 함수 $f(x)$와 $g(x)=(x-a)f(x)$에 대해 $g'(a)=\lim_{x\to a}\frac{(x-a)f(x)}{(x-a)}=f(a)$이다.

얻어낸 관계식에서 삼차항의 계수를 비교하여 초기 속도에 대한 값을 구할 수 있습니다.

> 미정계수법에는 양변의 문자에 적당한 수를 대입하여 미지의 계수를 정하는 방법과 양변의 계수를 비교하여 미지의 계수를 정하는 방법이 있다. 각각을 수치대입법과 계수비교법이라 한다.

따라서 $t=3$에서의 점 Q의 위치를 구할 수 있습니다.

11. 등차수열 $\{a_n\}$은 5 이하의 자연수 n에 대하여 $|a_{6-n}|+|a_{5+n}|=2n-a_5$을 만족한다.

$|a_{11}|$의 값은? [4점]

① 4　② 5　③ 6　④ 7　⑤ 8

해설

$n=1,\ 2,\ 3$일 때 각각 $|a_5|+|a_6|=2-a_5,\ |a_4|+|a_7|=4-a_5,\ |a_3|+|a_8|=6-a_5$이다.

한편 $a_4+a_7=a_5+a_6$에서 $a_4,\ a_5,\ a_6,\ a_7$의 값이 모두 양수이거나 모두 음수인 경우

$|a_4|+|a_7|=|a_5|+|a_6|$이다. 하지만 $4-a_5\neq 2-a_5$에서 주어진 조건을 만족하지 않는다.

따라서 $a_n=a_1+(n-1)d$라 할 때 $a_1+(x-1)d=0$을 만족하는 x의 값은 $4\leq x\leq 7$에서 존재한다.

즉 $|a_3|-|a_4|=|a_8|-|a_7|$이다. 또한 $\{|a_3|+|a_8|\}-\{|a_4|+|a_7|\}=2=\{|a_3|-|a_4|\}+\{|a_8|-|a_7|\}$

이다. 다시 말해 $|a_3|-|a_4|=1$이므로 등차수열 $\{a_n\}$의 공차의 절댓값은 1이다.

한편 $a_1+(x-1)d=0$을 만족하는 x의 값이 $5\leq x\leq 6$인 경우에만

$|a_3|+|a_8|,\ |a_4|+|a_7|,\ |a_5|+|a_6|$이 이 순서대로 등차수열을 이루므로 $5\leq x\leq 6$이다.

이때 $|a_5|+|a_6|=|d|=1=2-a_5$이므로 $a_5=1$이다.

한편 $a_5\geq 0\geq a_6$이므로 등차수열 $\{a_n\}$의 공차는 -1이다.

$\therefore\ |a_{11}|=|a_5+6d|=|1-6|=5$

comment

$b_n=|a_{6-n}|+|a_{5+n}|=2n-a_5$이라 할 때 $b_1,\ b_2,\ \cdots,\ b_4,\ b_5$가 이 순서대로 등차수열을 이루는 것을 관찰할 수 있습니다. 따라서 4 이하의 자연수 n에 대하여 $b_{n+1}-b_n$의 값이 일정함을 이용하는 것이 바람직합니다.

> 첫째항부터 차례로 '일정한 수'를 더하여 얻은 수열을 등차수열이라 하고,
> 이때 '일정한 수'를 공차라고 한다. 공차는 다음 항에서 앞의 항을 뺀 결과로 구해질 수 있다.

또한 $a_3+a_8=a_4+a_7=a_5+a_6$, 즉 합의 대칭이라는 정보를 관찰하는 것이 바람직합니다.

주어진 정보를 종합하였을 때 수열 $\{a_n\}$을 특정할 수 있으며, 이때 $a_{11}=a_5+6d$임을 활용하는 것이 바람직합니다.

> 등차수열을 $a_n=a+(n-1)d=dn+(a-d)$로 표현할 때, 자연수 전체의 집합을 정의역,
> 실수 전체의 집합을 공역으로 하는 기울기가 d이고 y절편이 $a-d$인 일차함수로 볼 수 있다.

> 점 $(x_1,\ y_1)$을 지나고 기울기가 m인 직선의 방정식은 $y-y_1=m(x-x_1)$이다.

12. 삼차함수 $f(x)$와 함수 $g(x)=\begin{cases} x^4 & (x \geq 0) \\ 0 & (x < 0) \end{cases}$ 에 대하여 $f(x) \leq g(x)$를 만족하는 x는 1보다 작지 않은 임의의 실수 또는 0 뿐이다.

두 곡선 $y=f(x)$와 $y=g(x)$으로 둘러싸인 영역의 넓이가 직선 $y=x$에 의하여 이등분 될 때 $f(-1)$의 값은? [4점]

① 12 ② $\frac{61}{5}$ ③ $\frac{62}{5}$ ④ $\frac{63}{5}$ ⑤ $\frac{64}{5}$

해설

함수 $g(x)$는 $x=0$에서 미분가능하며 이때 미분계수와 함숫값은 모두 0이다.

주어진 조건에서 충분히 작은 양수 h에 대하여 $f(h) > g(h)$이고 $f(-h) > g(-h)$이므로

함수 $f(x)$는 $x=0$에서 극솟값 0을 가진다.

함수 $f(x)$의 최고차항의 계수를 a라 할 때 a가 양수인 경우 $x \to -\infty$에서 $f(x) \to -\infty$이므로

주어진 조건을 만족하지 않는다. 따라서 a는 음수이며 주어진 조건에서 $f(1)=1$이다.

즉 $f(x)=ax^3-(a-1)x^2 \ (a<0)$이다.

또한 닫힌구간 $[0,\ 1]$에서 $f(x) \geq x \geq g(x)$이며 두 곡선 $y=f(x)$와 $y=g(x)$으로 둘러싸인 영역의 넓이를 직선 $y=x$가 이등분하므로 $\int_0^1 f(x)-x dx = \int_0^1 x-g(x)dx$이다.

다시 말해 $\int_0^1 f(x)+g(x)dx = \int_0^1 2xdx = 1$이다.

$$\therefore \int_0^1 f(x)+g(x)dx = \int_0^1 x^4+ax^3-(a-1)x^2dx = \left[\frac{1}{5}x^5+\frac{1}{4}ax^4-\frac{1}{3}(a-1)x^3\right]_0^1 = \frac{8}{15}-\frac{1}{12}a = 1$$

따라서 $a=-\frac{28}{5}$이므로 $f(-1)=-a-(a-1)=-2a+1$의 값은 $\frac{61}{5}$이다.

comment

함수 $f(x)$에서 x의 값이 0이 아니면서 0에 가까워질 때 $f(x)>0$이지만

x의 값이 0이 아니면서 0에 한없이 가까워질 때 $\lim_{x \to 0} f(x)=0$임을 관찰하는 것이 바람직합니다.

> 함수 $f(x)$에서 x의 값이 a가 아니면서 a에 한없이 가까워질 때, ($x \to a \ \neq \ x=a$임을 명심하자.)
> $f(x)$의 값이 일정한 값 A에 한없이 가까워지면 함수 $f(x)$는 A에 수렴한다고 한다.

이 경우 극소의 정의에 따라 함수 $f(x)$가 $x=0$에서 극소라는 정보를 확인할 수 있습니다.

> 함수 $f(x)$에서 $x=b$를 포함하는 어떤 열린구간에 속하는 모든 x에 대하여 $f(x) \geq f(b)$이면
> 함수 $f(x)$는 $x=b$에서 극소라고 하며, $f(a)$를 극솟값이라고 한다.

따라서 $f(x)$의 최고차항의 계수를 a라 하면 $f(x)$에서 a를 제외한 모든 정보를 특정할 수 있습니다.

이때 두 곡선 $y=f(x)$와 $y=g(x)$으로 둘러싸인 영역의 넓이가 직선 $y=x$에 의하여 이등분 된다는 정보를 활용하여 a의 값을 구하면 $f(x)$를 특정할 수 있습니다.

두 함수 $f(x)$, $g(x)$가 닫힌구간 $[a,\ b]$에서 연속일 때, 두 곡선 $y=f(x)$와 $y=g(x)$ 및 두 직선 $x=a$, $x=b$로 둘러싸인 도형의 넓이 S는 $S=\int_a^b|f(x)-g(x)|dx$이다.

---

13. 그림과 같이 $\angle\mathrm{A}=\frac{\pi}{3}$인 삼각형 ABC가 있다. $\overline{\mathrm{AB}}=\overline{\mathrm{AD}}$를 만족하는 선분 BC 위의 점 D와 $\overline{\mathrm{AB}}=\overline{\mathrm{AE}}$를 만족하는 선분 AC 위의 E에 대해 $\overline{\mathrm{DE}}=4$, $\overline{\mathrm{EC}}=2\sqrt{2}$일 때 $\overline{\mathrm{AB}}$의 길이의 값은? [4점]

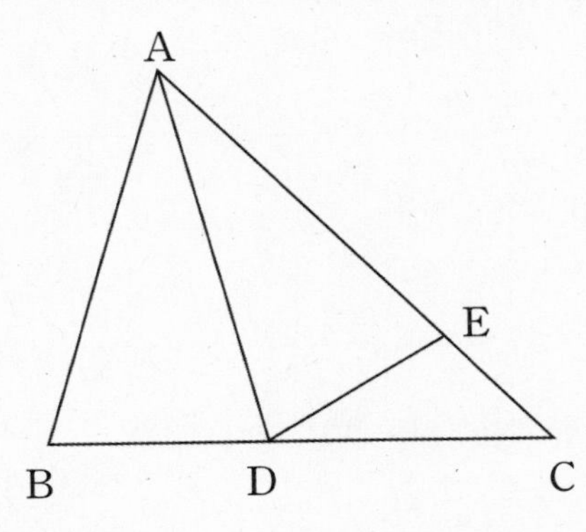

① $2+2\sqrt{6}$　② $2\sqrt{2}+2\sqrt{6}$　③ $2\sqrt{3}+2\sqrt{6}$
④ $4+2\sqrt{6}$　⑤ $2\sqrt{5}+2\sqrt{6}$

해설

$\overline{\mathrm{AB}}=\overline{\mathrm{AD}}=\overline{\mathrm{AE}}$에서 세 점 B, D, E는 점 A를 중심으로 하는 어떤 원 위에 존재한다.

즉 호 BE에 대한 중심각의 크기가 $\angle\mathrm{A}=\frac{\pi}{3}$이므로 $\angle\mathrm{BDE}=\frac{5\pi}{6}$, $\angle\mathrm{EDC}=\frac{\pi}{6}$이다.

이때 삼각형 EDC에서 $\frac{\overline{\mathrm{EC}}}{\sin(\angle\mathrm{EDC})}=\frac{\overline{\mathrm{ED}}}{\sin(\angle\mathrm{ECD})}$이다. $\therefore\ \sin(\angle\mathrm{ECD})=\frac{\sqrt{2}}{2}$, $\angle\mathrm{ECD}=\frac{\pi}{4}$

한편 $\angle\mathrm{DEA}=\frac{5}{12}\pi$이며 $\angle\mathrm{DBA}=\angle\mathrm{CBA}=\frac{5}{12}\pi$에서 두 삼각형 DEA와 DBA는 합동이다.

이때 선분 AD는 각 BAE의 이등분선이므로 $\overline{\mathrm{AB}}:\overline{\mathrm{AC}}=\overline{\mathrm{BD}}:\overline{\mathrm{DC}}$이다.

점 E에서 선분 DC에 내린 수선의 발을 H라 할 때 $\overline{\mathrm{DC}}=\overline{\mathrm{DH}}+\overline{\mathrm{HC}}=4\cos\frac{\pi}{6}+2\sqrt{2}\cos\frac{\pi}{4}=2\sqrt{3}+2$

이므로 $\overline{\mathrm{AB}}$의 길이를 r이라 할 때 $\overline{\mathrm{AB}}:\overline{\mathrm{AC}}=\overline{\mathrm{BD}}:\overline{\mathrm{DC}}$에서 $r:(r+2\sqrt{2})=4:2\sqrt{3}+2$이다.

즉 $2(\sqrt{3}+1)r=4r+8\sqrt{2}$에서 $2(\sqrt{3}-1)r=8\sqrt{2}$, $r=2\sqrt{2}+2\sqrt{6}$이다.

comment

$\overline{\mathrm{AB}}=\overline{\mathrm{AD}}=\overline{\mathrm{AE}}$에서 중심이 A인 삼각형 BDE의 외접원을 그리는 것이 바람직합니다.
이때 원주각과 중심각의 관계를 활용하여 $\angle\mathrm{BDE}$를 알 수 있으며, 동시에 $\angle\mathrm{EDC}$를 알 수 있습니다.
따라서 삼각형 EDC에서 사인법칙을 활용하여 $\angle\mathrm{ECD}$에 대한 정보를 얻는 것이 바람직합니다.

$\triangle$ABC의 외접원의 반지름의 길이를 R라고 하면 $\frac{a}{\sin\mathrm{A}}=\frac{b}{\sin\mathrm{B}}=\frac{c}{\sin\mathrm{C}}=2R$이다.

이때 $\angle$DEA와 $\angle$DBA에 대한 정보를 알 수 있으므로, $\overline{AB}=\overline{AD}=\overline{AE}$를 고려하였을 때 두 삼각형 DEA와 DBA가 합동임을 관찰할 수 있습니다.

따라서 $\angle$BAC를 선분 AD가 이등분하므로 각의 이등분선 정리를 활용하는 것이 바람직합니다.

이때 $\overline{AB}$의 값을 미지수로 설정하여 $\overline{AB}$의 값에 대한 관계식을 통해 $\overline{AB}$의 값을 구할 수 있습니다.

---

14. 양수 α와 함수 $f(x)=(x+2)(x-\alpha)$가 다음 조건을 만족할 때 α의 값은? [4점]

> 함수 $g(x)=\begin{cases} x & (f(x)>0) \\ x+f(x) & (f(x)\le 0) \end{cases}$ 에 대하여 가능한 모든 $\displaystyle\lim_{h\to 0+}\frac{g(x)-g(x-h)}{g(x+h)-g(x)}$의 값의 합은 $\dfrac{7}{2}$이다.

① $\dfrac{1}{2}$ ② 1 ③ $\dfrac{3}{2}$ ④ 2 ⑤ $\dfrac{5}{2}$

해설

함수 $g(x)$가 $x=a$에서 미분가능하고 $g'(a)\ne 0$일 때

$$\lim_{h\to 0+}\frac{g(a)-g(a-h)}{g(a+h)-g(a)}=\lim_{h\to 0+}\frac{\dfrac{g(a)-g(a-h)}{h}}{\dfrac{g(a+h)-g(a)}{h}}=\frac{g'(a)}{g'(a)}=1\text{이다.}$$

함수 $g(x)$가 $x=a$에서 미분가능하고 $g'(a)=0$일 때 $f(x)\le 0$인 x에서 $g(x)=(x-a)^2+g(a)$이고

이때 $\displaystyle\lim_{h\to 0+}\frac{g(a)-g(a-h)}{g(a+h)-g(a)}=\lim_{h\to 0+}\frac{g(a)-\{h^2+g(a)\}}{\{h^2+g(a)\}-g(a)}=\lim_{h\to 0+}\frac{-h^2}{h^2}=-1$이다.

함수 $g(x)$가 $x=a$에서 미분가능하지 않을 때 $a=-2$ 또는 $a=\alpha$이다.

$\displaystyle\lim_{h\to 0+}\frac{g(-2)-g(-2-h)}{h}=1$, $\displaystyle\lim_{h\to 0+}\frac{g(-2+h)-g(-2)}{h}=1+f'(-2)=1-2-\alpha=-1-\alpha$에서

$\displaystyle\lim_{h\to 0+}\frac{g(-2)-g(-2-h)}{g(-2+h)-g(-2)}=-\frac{1}{\alpha+1}$이다.

또한 $\displaystyle\lim_{h\to 0+}\frac{g(\alpha)-g(\alpha-h)}{h}=1+f'(\alpha)=1+\alpha+2=\alpha+3$, $\displaystyle\lim_{h\to 0+}\frac{g(\alpha+h)-g(\alpha)}{h}=1$이므로

$\displaystyle\lim_{h\to 0+}\frac{g(-2)-g(-2-h)}{g(-2+h)-g(-2)}=\alpha+3$이다.

$\alpha>0$에서 $-1<-\dfrac{1}{\alpha+1}<1<\alpha+3$이므로 가능한 모든 $\displaystyle\lim_{h\to 0+}\frac{g(x)-g(x-h)}{g(x+h)-g(x)}$의 값의 합은

$-1-\dfrac{1}{\alpha+1}+1+\alpha+3=\dfrac{7}{2}$이다.

즉 $\alpha-\dfrac{1}{2}=\dfrac{1}{\alpha+1}$에서 $\alpha^2+\dfrac{1}{2}\alpha-\dfrac{1}{2}=1$이고 $\alpha^2+\dfrac{1}{2}\alpha-\dfrac{3}{2}=(\alpha-1)\left(\alpha+\dfrac{3}{2}\right)=0$이다.

$\therefore\ \alpha=1$

comment

주어진 극한값을 (좌미분계수) ÷ (우미분계수)로 해석할 때 우미분계수가 0이 되는 지점을 유의하는 것이 바람직합니다.

> 두 함수 $f(x)$, $g(x)$가 $x=a$에서 수렴하고 각각의 극한값을 F, G라 하자.
> $G \neq 0$일 때 $\lim_{x\to a} f(x) \div g(x) = F \div G$이 성립한다.

또한 함수 $g(x)$가 $x=a$에서 미분가능할 때 $x=a$에서 좌미분계수와 우미분계수가 동일하므로 미분계수가 0이 아닌 경우 주어진 극한값은 1임을 확인할 수 있습니다.

> 함수 $y=f(x)$에서 x의 값이 a에서 $a+\Delta x$까지 변할 때의 평균변화율에 대하여 $\Delta x \to 0$일 때 평균변화율의 극한값이 존재하면 함수 $y=f(x)$는 $x=a$에서 미분가능하다고 하고,
> 이 극한값을 함수 $y=f(x)$의 $x=a$에서의 순간변화율 또는 미분계수라고 한다.

이외에 함수 $g(x)$가 $x=a$에서 미분가능하지 않은 경우 (좌미분계수) ÷ (우미분계수)로 직접 극한값을 구해주어 주어진 조건을 해석하면 α의 값을 구할 수 있습니다.

---

15. 수열 $\{a_n\}$은 다음 조건을 만족한다.

> (가) 모든 자연수 n에 대하여 $(a_{n+1}a_{n+2} - a_n a_{n+3})\{(a_{n+2})^2 - a_{n+1}a_{n+3}\} = 0$이다.
> (나) 3 이하의 자연수 n에 대하여 $a_n = 4-n$이다.

어떤 자연수 m에 대하여 $a_m = \dfrac{1}{3^5 \times 2^{15}}$이다. $a_m + \sum_{k=4}^{m} a_k$의 값은? [4점]

① $\dfrac{362}{243}$ ② $\dfrac{121}{81}$ ③ $\dfrac{364}{243}$ ④ $\dfrac{365}{243}$ ⑤ $\dfrac{122}{81}$

해설

조건 (나)에서 $a_1 = 3$, $a_2 = 2$, $a_3 = 1$이다.

즉 a_4의 값은 $(a_3)^2 = a_2 a_4$인 경우 $a_4 = \dfrac{1}{2}$이며 $a_2 a_3 = a_1 a_4$인 경우 $a_4 = \dfrac{2}{3}$이다.

한편 5 이상의 자연수 n에 대하여 a_{n-3}, a_{n-2}, a_{n-1}이 이 순서대로 등비수열을 이룰 때

$a_{n-3}a_n = a_{n-2}a_{n-1}$인 경우 a_n의 값과 $(a_{n-1})^2 = a_{n-2}a_n$인 경우 a_n의 값은 동일하며

이때 a_{n-3}, a_{n-2}, a_{n-1}, a_n이 이 순서대로 등비수열을 이룬다.

따라서 5 이상의 어떤 자연수 j에 대해 a_{j-3}, a_{j-2}, a_{j-1}이 이 순서대로 등비수열을 이룰 때

수열 $\{a_n\}$은 $n \geq j-3$에서 등비수열을 이룬다.

한편 수열 $\{a_n\}$이 $a_{n-2}a_{n-1}=a_{n-3}a_n$을 만족할 때 a_n의 값을 나열해보면

n의 값이 4 이상의 짝수일 때 $a_n=\dfrac{2}{3^{\frac{n-2}{2}}}$을 만족하며

n의 값이 5 이상의 홀수일 때 $a_n=\dfrac{1}{3^{\frac{n-3}{2}}}$을 만족한다.

이때 4 이상의 어떤 짝수 l이 $a_l=\dfrac{2}{3^{\frac{l-2}{2}}}$을 만족하며 수열 $\{a_n\}$이 $n\ge l-1$에서 등비수열을 이룰 때

$a_{l-1}=\dfrac{1}{3^{\frac{l-4}{2}}}$이므로 $n\ge l-1$에서 수열 $\{a_n\}$의 공비는 $\dfrac{2}{3}$이다.

그러나 $\dfrac{1}{3^{\frac{l-4}{2}}}\times\left(\dfrac{2}{3}\right)^n=\dfrac{1}{3^5\times 2^{15}}$을 만족하는 자연수 n은 존재하지 않는다.

한편 5 이상의 어떤 홀수 l이 $a_l=\dfrac{1}{3^{\frac{l-3}{2}}}$을 만족하며 수열 $\{a_n\}$이 $n\ge l-1$에서 등비수열을 이룰 때

$a_{l-1}=\dfrac{2}{3^{\frac{l-3}{2}}}$이므로 $n\ge l-1$에서 수열 $\{a_n\}$의 공비는 $\dfrac{1}{2}$이다.

$\dfrac{1}{3^{\frac{l-3}{2}}}\times\left(\dfrac{1}{2}\right)^n=\dfrac{1}{3^5\times 2^{15}}$을 만족하는 자연수 n은 존재하며 이때 n의 값은 15이고 $l=13$이다.

즉 $13+15=28=m$이며 이 경우 수열 $\{a_n\}$은 n이 13 이하의 홀수일 때 $a_n=3^{\frac{3-n}{2}}$이고

n이 12이하의 짝수일 때 $a_n=2\times 3^{\frac{2-n}{2}}$이며 $14\le n\le 28$일 때 $a_n=\dfrac{1}{3^5\times 2^{n-13}}$이다.

또한 $28\ge n\ge 14$에서 $a_n+a_n=a_{n-1}$를 만족하므로 $a_{28}+\displaystyle\sum_{k=14}^{28}a_k=a_{13}$이다.

따라서 $a_m+\displaystyle\sum_{k=4}^{m}a_k=a_{28}+\sum_{k=4}^{28}a_k=\sum_{k=4}^{13}a_k+\left(a_{28}+\sum_{k=14}^{28}a_k\right)=a_{13}+\sum_{k=4}^{13}a_k$이다.

한편 $\displaystyle\sum_{k=4}^{13}a_k=\sum_{k=2}^{6}(a_{2k}+a_{2k+1})=\sum_{k=2}^{6}(\{2\times 3^{1-k}\}+3^{1-k})=\sum_{k=2}^{6}3^{2-k}=\dfrac{1-\dfrac{1}{3^5}}{1-\dfrac{1}{3}}=\dfrac{3}{2}-\dfrac{3}{2}\times\dfrac{1}{3^5}$이므로

$a_m+\displaystyle\sum_{k=4}^{m}a_k=a_{13}+\sum_{k=4}^{13}a_k=\dfrac{1}{3^5}+\left(\dfrac{3}{2}-\dfrac{3}{2}\times\dfrac{1}{3^5}\right)=\dfrac{3}{2}-\dfrac{1}{2}\times\dfrac{1}{3^5}=\dfrac{728}{486}=\dfrac{364}{243}$이다.

comment

5 이상의 자연수 n에 대하여 a_{n-3}, a_{n-2}, a_{n-1}이 이 순서대로 등비수열을 이룰 때

$a_{n-3}a_n = a_{n-2}a_{n-1}$인 경우 a_n의 값과 $(a_{n-1})^2 = a_{n-2}a_n$인 경우 a_n의 값은 동일하며

이때 a_{n-3}, a_{n-2}, a_{n-1}, a_n이 이 순서대로 등비수열을 이루는 것을 관찰하는 것이 바람직합니다.

> 세 수 a, b, c가 이 순서대로 등비수열을 이룰 때, b를 a와 c의 등비중항이라고 한다.
>
> 이때, $\frac{b}{a}=\frac{c}{b}$이므로 $b^2 = ac$이다.
>
> 역으로 $b^2 = ac$이면 $\frac{b}{a}=\frac{c}{b}$이므로 세 수 a, b, c는 이 순서로 등비수열을 이룬다.

즉 $a_m = \frac{1}{3^5 \times 2^{15}}$을 만족하는 m의 값이 존재할 때 $a_n = \frac{1}{3^5}$, $a_{n+1} = \frac{1}{3^5 \times 2}$을 만족하는 자연수 n이 존재해야 함을 관찰하는 것이 바람직합니다.

이 경우 수열 $\{a_n\}$은 $n < 14$에서 홀수항만을 나열한 것과 짝수항만을 나열한 것이 각각 등비수열을 이룹니다. 또한 $14 \le n \le 28$에서 수열 $\{a_n\}$은 등비수열을 이룹니다.

따라서 $a_m + \sum_{k=4}^{m} a_k$의 값은 등비수열의 합 공식을 통해 구할 수 있습니다.

> 등비수열 $\{ar^{n-1}\}$ $(r \ne 1)$의 첫째항부터 제 n항까지의 합을 S_n이라 할 때, $S_n = \frac{a(1-r^n)}{1-r}$이다.

---

16. 방정식 $\log_4 8^x = 3$을 만족시키는 실수 x의 값을 구하시오. [3점]

해설

$\log_4 8^x = x\log_4 8 = x \times \frac{\log_2 8}{\log_2 4} = \frac{3}{2}x = 3$에서 $x = 2$이다.

---

17. 함수 $f(x) = (x-1)(x-2)(x-3)$에 대하여 $f'(0)$의 값을 구하시오. [3점]

해설

$f'(x) = (x-2)(x-3) + (x-1)(x-3) + (x-1)(x-2)$에서 $f'(0) = 6+3+2 = 11$이다.

---

18. 두 수열 $\{a_n\}$, $\{b_n\}$에 대하여 $\sum_{k=1}^{8}(a_k-2b_k)=\sum_{k=1}^{8}(4b_k-2a_k)$, $\sum_{k=1}^{8}(a_k-b_k)=8$일 때, $\sum_{k=1}^{8}a_k$의 값을 구하시오. [3점]

해설

$\sum_{k=1}^{8}(4b_k-2a_k)=-2\sum_{k=1}^{8}(a_k-2b_k)$이므로 $\sum_{k=1}^{8}a_k=2\sum_{k=1}^{8}b_k$이다.

$\sum_{k=1}^{8}(a_k-b_k)=\sum_{k=1}^{8}b_k=8$에서 $\sum_{k=1}^{8}a_k=16$이다.

---

19. 방정식 $(x-k)(x+2k)^2+16k=0$이 오직 한 실근만을 갖도록 하는 정수 k의 개수를 구하시오. [3점]

해설

x에 대한 함수 $(x-k)(x+2k)^2+16k$를 $f(x)$라 하자.

이때 $f'(x)=(x+2k)^2+2(x-k)(x+2k)=3x(x+2k)$에서 $k\neq0$일 때 함수 $f(x)$는 $x=0$과 $x=-2k$에서 극값을 가지며 $k=0$일 때 함수 $f(x)$는 극값을 가지지 않는다.

한편 함수 $f(x)$의 극댓값과 극솟값이 모두 양수이거나 함수 $f(x)$의 극댓값과 극솟값이 모두 음수인 경우 방정식 $f(x)=0$이 오직 한 실근만을 갖는다.

다시 말해 $k\neq0$일 때 $f(0)f(-2k)>0$인 경우 방정식 $f(x)=0$이 오직 한 실근만을 가지며 $k=0$일 때 또한 방정식 $f(x)=0$이 오직 한 실근만을 가진다.

이때 $k\neq0$이고 $f(0)f(-2k)=(-4k^3+16k)\times16k=-64k^2(k^2-4)>0$인 경우 $-2<k<2$이다.

따라서 $k=-1$, $k=0$, $k=1$일 때 주어진 조건을 만족하므로 가능한 정수 k의 개수는 3이다.

---

20. 최고차항의 계수가 1인 삼차함수 $f(x)$가 다음 조건을 만족할 때 $f(2)$의 값을 구하시오. [4점]

(가) 방정식 $f(x)=0$의 실근은 오직 $x=-1$뿐이다.
(나) $f'(0)=f(0)+2\sqrt{|f(0)|}$

해설

조건 (가)에서 $f(x)=(x+1)(x^2+ax+b)$라 하면 $f'(x)=(x^2+ax+b)+(x+1)(2x+a)$이다.

또한 $f(x)$의 최고차항의 계수가 양수이므로 $x>-1$에서 $f(x)>0$이다. 즉 $f(0)>0$이다.

이때 $f(0)=b$이고 $f'(0)=a+b$이므로 조건 (나)에서 $a+b=b+2\sqrt{b}$, $a=2\sqrt{b}$이다.

즉 x에 대한 이차함수 x^2+ax+b의 판별식 a^2-4b의 값은 0이다.

그러므로 조건 (가)에 따라 $x^2+ax+b=(x+1)^2$, $f(x)=(x+1)^3$이다.

$\therefore\ f(2)=27$

comment

조건 (가)에서 인수정리를 활용하여 $f(x)=(x+1)(x^2+ax+b)$와 같이 나타내는 것이 바람직합니다.

> 다항식 $P(x)$를 일차식 $x-\alpha$로 나누어떨어지면 $P(\alpha)=0$이다. 또 $P(\alpha)=0$이면 $P(x)$가 $x-\alpha$로 나누어떨어진다.

이때 조건 (나)에서 이차방정식 $x^2+ax+b=0$의 판별식에 대한 정보를 얻을 수 있습니다.

> 계수가 실수인 이차방정식 $ax^2+bx+c=0$에서 $D=b^2-4ac$라고 할 때 다음이 성립한다.
>
> ① $D>0$이면 서로 다른 두 실근을 갖는다.
> ② $D=0$이면 실수인 중근을 갖는다.
> ③ $D<0$이면 서로 다른 두 허근을 갖는다.

따라서 조건 (가)를 만족하는 함수 $f(x)$를 특정할 수 있습니다.

---

21. 세 양수 a, b, k에 대하여 어떤 직선이 네 점 $(2,\ \log_2 a)$, $(4,\ \log_4 b)$, $(k,\ \log_2 ab)$, $(9,\ 3)$을 지난다. $\log_a b=k+3$일 때 b의 값을 구하시오. [4점]

해설

두 점 $(2,\ \log_2 a)$, $(4,\ \log_4 b)$를 이은 직선과 두 점 $(4,\ \log_4 b)$, $(k,\ \log_2 ab)$를 이은 직선, 그리고 두 점 $(2,\ \log_2 a)$, $(k,\ \log_2 ab)$를 이은 직선이 모두 동일하므로 평균변화율을 비교하자.

$\dfrac{\log_4 b-\log_2 a}{2}=\dfrac{\log_2 ab-\log_4 b}{k-4}=\dfrac{\log_2 ab-\log_2 a}{k-2}$에서 $\dfrac{\log_2 ab-\log_2 a}{k-2}=\dfrac{\log_2 b}{k-2}$이고 가비의 리에 따라

$\dfrac{(2\log_2 a-\log_2 b)+(\log_2 b)}{(-4)+(k-2)}=\dfrac{2\log_2 a}{k-6}$이므로 $\dfrac{\log_2 b}{k-2}=\dfrac{2\log_2 a}{k-6}$, 즉 $\dfrac{\log_2 b}{\log_2 a}=\dfrac{2(k-2)}{k-6}=\log_a b$이다.

따라서 $\log_a b=\dfrac{2k-4}{k-6}=k+3$이므로 $k^2-3k-18=2k-4$이다.

$\therefore\ k^2-5k-14=(k-7)(k+2)=0$, 이때 $k>0$이므로 $k=7$이고 $\log_a b=k+3=10=\dfrac{\log_4 b}{\log_4 a}$이다.

따라서 $\log_4 b=10\log_4 a$라 할 때 네 점 $(2,\ 2\log_4 a)$, $(4,\ 10\log_4 a)$, $(7,\ 22\log_4 a)$, $(9,\ 3)$이 한 직선 $y=(4\log_4 a)(x-2)+2\log_4 a$ 위에 존재한다.

$\therefore\ 3=(4\log_4 a)\times(9-2)+2\log_4 a=30\log_4 a$, $\log_4 a=\dfrac{1}{10}$, $\log_4 b=10\log_4 a=1$

따라서 b의 값은 4이다.

comment

두 점을 지나는 직선의 기울기, 즉 평균변화율의 값은 (y의 증분) ÷ (x의 증분)의 값으로 구하는 것이 바람직합니다. 이 경우 $\log_2 a$와 $\log_2 b$를 k에 대해 나타낼 수 있습니다.

한편 로그의 밑의 변환을 활용하면 $\log_a b = \dfrac{\log_2 b}{\log_2 a}$이므로 k의 값을 구할 수 있습니다.

$a>0,\ a\neq 1,\ N>0,\ c>0,\ c\neq 1$일 때, $\log_a N = \dfrac{\log_c N}{\log_c a}$이다.

이 경우 로그의 성질을 활용해 $\log_4 a$에 대하여 정리하여 b의 값을 구하는 것이 바람직합니다.

지수법칙에 따라 $a>0,\ a\neq 1,\ M>0,\ N>0$일 때 $\log_a MN = \log_a M + \log_a N$이다.

두 양수 $a,\ b$에 대하여 $\log_{a^m} b^n = \left(\dfrac{n}{m}\right)\log_a b\ (a\neq 1,\ m\neq 0)$이다.

---

22. 최고차항의 계수가 1인 삼차함수 $f(x)$에 대하여 주기가 p인 주기함수

$$g(x)=\begin{cases} f(x) & (0<x\le p) \\ g(x+10) & (x\le 0 \text{ 또는 } x>p) \end{cases}$$

가 다음 조건을 만족할 때 $f(p+1)$의 값을 구하시오. (단, p는 자연수이다.) [4점]

(가) $g(12)=g(24)=g(36)<g(45)\le g(50)$ (나) 함수 $g(x)$의 서로 다른 모든 극값의 합은 $-\dfrac{40}{27}$이다.

해설

임의의 자연수 n에 대하여 $g(x)=g(x+np)$이므로 적당한 자연수 m에 대해 $10=mp$라 하자.

이때 가능한 순서쌍 $(p,\ m)$은 $(1,\ 10),\ (2,\ 5),\ (5,\ 2),\ (10,\ 1)$뿐이다.

$p=1$ 또는 $p=2$인 경우 $g(36)=g(50)$이므로 조건 (가)를 만족하지는 않는다. 또는 $p=10$인 경우 $f(x)=(x-2)(x-4)(x-6)+f(2)$이고 $g(45)<g(36)$이므로 조건 (가)를 만족하지 않는다.

따라서 $p=5$이며 $g(2)=g(4)=g(1)$이므로 $f(x)=(x-1)(x-2)(x-4)+f(1)$이다.

한편 근과 계수의 관계에서 방정식 $f(x)=f(5)$의 모든 근의 합은 $1+2+4=7$이므로 $f(5)$가 $f(x)$의 극댓값인 경우 함수 $f(x)$는 $x=1$에서 극댓값을 갖는다. 한편 $f'(1)>0>f'(2)$이므로 함수 $f(x)$는 열린구간 $(1,\ 2)$에서 극댓값을 가진다. 따라서 $f(5)$는 $f(x)$의 극값이 아니다.

다시 말해 함수 $g(x)$의 극값은 $f(x)$의 극댓값과 극솟값이거나 $f(5)$이다.

이때 삼차함수 $f(x)$의 그래프는 점 $\left(\dfrac{7}{3},\ f\left(\dfrac{7}{3}\right)\right)$에 대하여 점대칭이므로 $2f\left(\dfrac{7}{3}\right)+f(5)=-\dfrac{40}{27}$이다.

한편 $f\left(\frac{7}{3}\right)=-\frac{20}{27}+f(1)$이고 $f(5)=12+f(1)$이므로 조건 (나)에서 $f(1)=-4$이다.

따라서 $f(x)=(x-1)(x-2)(x-4)-4$이므로 $f(p+1)=f(6)=36$다.

comment

주기의 정의를 활용하여 p에 대한 관계식을 설정하여 경우를 나누는 것이 바람직합니다.

> 함수 f의 정의역에 속하는 모든 x에 대하여 $f(x+p)=f(x)$인 0이 아닌 상수 p가 존재하면 함수 f를 주기함수라고 하며, 이러한 상수 p 중에서 최소인 양수를 그 함수의 주기라고 한다.

이때 조건 (가)에서 인수정리를 활용하여 함수 $f(x)-f(1)$를 특정할 수 있습니다.

> 다항식 $P(x)$를 일차식 $x-\alpha$로 나누어떨어지면 $P(\alpha)=0$이다. 또 $P(\alpha)=0$이면 $P(x)$가 $x-\alpha$로 나누어떨어진다.

한편 극대의 정의에 따라 함수 $g(x)$가 $x=p$에서 극대임을 유의합시다.

> 함수 $f(x)$에서 $x=a$를 포함하는 어떤 열린구간에 속하는 모든 x에 대하여 $f(x) \le f(a)$이면 함수 $f(x)$는 $x=a$에서 극대라고 하며, $f(a)$를 극댓값이라고 한다.

조건 (나)에서 $f(x)$의 극댓값과 극솟값을 합하는 경우 삼차함수 $f(x)$의 그래프가 점 $\left(\frac{7}{3},\ f\left(\frac{7}{3}\right)\right)$에 대하여 점대칭임을 활용할 수 있습니다.

다시 말해 $f(x)$의 극댓값과 극솟값의 합이 $2f\left(\frac{7}{3}\right)$임을 활용하는 것이 바람직합니다.

> 변곡점은 함수의 그래프의 오목성과 볼록성이 바뀌는 점이다. 모든 삼차함수는 변곡점을 가지고 있으며, 삼차함수 $f(x)=ax^3+bx^2+cx+d$에 대하여 도함수 $f'(x)=3ax^2+2bx+c$가 이차함수이고 대칭축 $x=-\frac{b}{3a}$에서 극값을 가지므로 삼차함수 $f(x)$의 변곡점의 좌표는 $\left(-\frac{b}{3a},\ f\left(\frac{b}{3a}\right)\right)$이다.
>
> $f(x)=\int f'(x)dx$이고 도함수 $f'(x)=3ax^2+2bx+c$의 그래프가 $x=-\frac{b}{3a}$을 기준으로 대칭을 이루므로 삼차함수 $y=f(x)$의 그래프는 변곡점에 대해 대칭이다.

조건 (나)에서 $2f\left(\frac{7}{3}\right)+f(5)=-\frac{40}{27}$이므로 $f(x)$를 특정할 수 있습니다.

23. 다항식 $(x+4)^8$의 전개식에서 x^6의 계수는? [2점]

① 56 ② 112 ③ 224 ④ 448 ⑤ 896

해설

8번의 시행에서 x항을 6번, 상수항을 2번 곱한 경우 x^6의 항이 생긴다.

즉 ${}_8\mathrm{C}_6 \times x^6 \times 4^2 = 448x^6$에서 x^6의 계수는 448이다.

---

24. 두 사건 A, B는 서로 독립이고

$$\mathrm{P}(A^C) = \frac{2}{3},\ \mathrm{P}(B-A) = \frac{1}{2}$$

일 때, $\mathrm{P}(B^C)$의 값은? [3점]

① $\frac{1}{2}$ ② $\frac{1}{3}$ ③ $\frac{1}{4}$ ④ $\frac{1}{5}$ ⑤ $\frac{1}{6}$

해설

$\mathrm{P}(A^C \cap B) = \mathrm{P}(B) - \mathrm{P}(A \cap B) = \mathrm{P}(B) - \mathrm{P}(A)\mathrm{P}(B) = \mathrm{P}(B)\{1-\mathrm{P}(A)\} = \mathrm{P}(A^C)\mathrm{P}(B)$

즉 두 사건 A, B는 서로 독립일 때 두 사건 A^C, B 또한 서로 독립이다.

따라서 $\mathrm{P}(B) = \frac{1}{2} \div \frac{2}{3} = \frac{3}{4}$, $\mathrm{P}(B^C) = \frac{1}{4}$이다.

---

25. 확률변수 X가 이항분포 $\mathrm{B}\left(n,\ \frac{3}{n}\right)$을 따르고 $\mathrm{E}((X-3)^2) = 2$일 때, n의 값은? [3점]

① 5 ② 6 ③ 7 ④ 8 ⑤ 9

해설

X의 평균이 $n \times \frac{3}{n} = 3$이므로 확률변수 $(X-3)^2$의 평균을 이산확률변수 X의 분산 $\mathrm{V}(X)$이라 한다.

이때 $\mathrm{V}(X) = 2 = n \times \frac{3}{n} \times \left(1 - \frac{3}{n}\right)$에서 $1 - \frac{3}{n} = \frac{2}{3}$이므로 $n = 9$이다.

---

26. 주사위를 세 번 던져 나온 수를 일렬로 나열하여 만들 수 있는 모든 세 자리의 자연수 중 하나를 선택할 때, 620 이하의 수가 선택될 확률은? [3점]

① $\frac{7}{9}$ ② $\frac{29}{36}$ ③ $\frac{5}{6}$ ④ $\frac{31}{36}$ ⑤ $\frac{8}{9}$

해설

주사위를 세 번 던져 나온 수를 일렬로 나열하여 만들 수 있는 모든 세 자리의 자연수의 개수는

$6^3 = 216$이다.

이 중 620보다 큰 수는 백의 자리수가 6이고 십의 자리 수가 2부터 6까지의 자연수 중 하나이며 일의 자리 수는 1부터 6까지의 자연수 중 하나인 수이다.

즉 620보다 큰 수의 개수는 $1 \times 5 \times 6 = 30$이다.

따라서 주어진 확률은 $1 - \frac{30}{216} = \frac{31}{36}$이다.

---

27. 정규분포 $\mathrm{N}(m,\ 2^2)$을 따르는 모집단에서 크기가 49인 표본을 임의추출하여 얻은 표본평균을 이용하여 구하는 모평균 m에 대한 신뢰도 95%의 신뢰구간이 $1.44 \le m \le t$이다.
t의 값은? (단, Z가 표준정규분포를 따르는 확률변수일 때, $\mathrm{P}(|Z| \le 1.96) = 0.95$로 계산한다.) [3점]

① 2 ② 2.14 ③ 2.28 ④ 2.42 ⑤ 2.56

해설

크기가 49인 표본을 임의추출하여 얻은 표본평균을 $\overline{x}$라 할 때 모평균 m에 대한 신뢰도 95%의 신뢰구간은 $\overline{x} - 1.96\frac{2}{\sqrt{49}} \le m \le \overline{x} + 1.96\frac{2}{\sqrt{49}}$이다. 즉 $\overline{x} - 1.96\frac{2}{\sqrt{49}} = \overline{x} - 0.56 = 1.44$이다.

따라서 $\overline{x} = 2,\ t = \overline{x} + 0.56 = 2.56$이다.

---

28. 두 집합 X, Y을 각각 정의역과 공역으로 갖는 함수 $f : X \to Y$가 있다.

순서쌍 $(X,\ Y,\ f)$가 $X \cup Y = \{1,\ 2,\ 3\}$을 만족할 때 다음 조건을 만족할 확률은? [4점]

> X의 어떤 원소 x에 대하여 $xf(x)$는 짝수이다.

① $\frac{9}{10}$ ② $\frac{37}{41}$ ③ $\frac{19}{21}$ ④ $\frac{39}{43}$ ⑤ $\frac{10}{11}$

해설

$\{1,\ 2,\ 3\} = U$라 할 때 $n(X)$의 값에 따라 경우를 나누어 $X \cup Y = U$인 순서쌍 $(X,\ Y,\ f)$의 개수를 구해보자. 이때 $U - X \subset Y$이다.

① $n(X) = 1$인 경우 가능한 X의 경우의 수는 ${}_3\mathrm{C}_1 = 3$이다.

이때 $n(Y) = 2$인 경우 $Y = U - X$이므로 가능한 f의 개수는 2^1이다.

$n(Y) = 3$인 경우 $Y = U$이므로 가능한 f의 개수는 3^1이다.

따라서 $n(X) = 1$인 경우 순서쌍 $(X,\ Y,\ f)$의 개수는 $3 \times (2+3) = 15$이다.

② $n(X) = 2$인 경우 가능한 X의 경우의 수는 ${}_3\mathrm{C}_2 = 3$이다.

이때 $n(Y) = 1$인 경우 $Y = U - X$이므로 가능한 f의 개수는 1^2이다.

$n(Y) = 2$인 경우 $n(X \cap Y) = 1$이므로 가능한 Y의 경우의 수는 ${}_2\mathrm{C}_1 = 2$이다.

각각의 Y에 대하여 가능한 f의 개수는 2^2이므로 $n(Y) = 2$인 경우 가능한 f의 개수는 8이다.

$n(Y) = 3$인 경우 $Y = U$이므로 가능한 f의 개수는 3^2이다.

따라서 $n(X) = 2$인 경우 순서쌍 $(X,\ Y,\ f)$의 개수는 $3 \times (1+8+9) = 54$이다.

③ $n(X) = 3$인 경우 $X = U$이다.

이때 $n(Y) = 1$인 경우 가능한 Y의 경우의 수는 ${}_3\mathrm{C}_1 = 3$이다.

각각의 Y에 대하여 가능한 f의 개수는 1^3이므로 $n(Y) = 1$인 경우 가능한 f의 개수는 3이다.

$n(Y) = 2$인 경우 가능한 Y의 경우의 수는 ${}_3\mathrm{C}_2 = 3$이다.

각각의 Y에 대하여 가능한 f의 개수는 2^3이므로 $n(Y) = 2$인 경우 가능한 f의 개수는 24이다.

$n(Y) = 3$인 경우 $Y = U$에서 가능한 f의 개수는 3^3이다.

따라서 $n(X) = 3$인 경우 순서쌍 $(X,\ Y,\ f)$의 개수는 $3 + 24 + 27 = 54$이다.

즉 $X \cup Y = U$인 순서쌍 $(X,\ Y,\ f : X \to Y)$의 개수는 $15 + 54 + 54 = 123$이다.

이 중 주어진 조건을 만족하지 않는 함수는 다음 조건을 만족한다.

> X의 모든 원소 x에 대하여 $xf(x)$는 홀수이다.

이에 따라 주어진 조건을 만족하지 않는 함수 f의 개수를 X를 기준으로 나누어 구해보자.

① $X = \{1\}$인 경우 $\{2,\ 3\} \subset Y$이다.

이때 $Y = \{2,\ 3\}$인 경우 $f(1) = 3$인 경우뿐이다.

$Y = \{1,\ 2,\ 3\}$인 경우 $f(1) = 1$인 경우 또는 $f(1) = 3$인 경우가 있다.

② $X=\{3\}$인 경우 $\{1,\ 2\}\subset Y$이다.

이때 $Y=\{1,\ 2\}$인 경우 $f(3)=1$인 경우뿐이다.

$Y=\{1,\ 2,\ 3\}$인 경우 $f(3)=1$인 경우 또는 $f(3)=3$인 경우가 있다.

③ $X=\{1,\ 3\}$인 경우 $\{2\}\subset Y$이다.

이때 $Y=\{1,\ 2\}$인 경우 $f(1)=1,\ f(3)=1$인 경우뿐이다.

$Y=\{2,\ 3\}$인 경우 $f(1)=3,\ f(3)=3$인 경우뿐이다.

$Y=\{1,\ 2,\ 3\}$인 경우 가능한 순서쌍 $(f(1),\ f(3))$은 $(1,\ 1)$, $(1,\ 3)$, $(3,\ 1)$, $(3,\ 3)$뿐이다.

이때 경우의 수가 ①에서 3, ②에서 3, ③에서 6이므로 X의 모든 원소 x에 대하여 $xf(x)$가 홀수인 함수 f의 개수는 12이다.

따라서 함수 f가 조건 'X의 어떤 원소 x에 대하여 $xf(x)$는 짝수이다.'를 만족할 확률은

$1-\frac{12}{123}=\frac{111}{123}=\frac{37}{41}$이다.

comment

함수 f가 주어진 조건을 만족하지 않는 경우를 여사건으로 고려하는 것이 바람직합니다.

> '모든'이 들어 있는 명제는 성립하지 않는 예가 하나만 있어도 거짓인 명제가 되고,
> '어떤'을 포함한 명제는 성립하는 예가 하나만 있어도 참인 명제이다.
> 명제 '모든 x에 대하여 p이다.'의 부정은 'p가 아닌 x가 있다.',
> 즉 '어떤 x에 대하여 $\sim p$이다.'가 된다.
> 또 '어떤 x에 대하여 p이다.'의 부정은 'p인 x가 없다.', 즉 '모든 x에 대하여 $\sim p$이다.'가 된다.

이때 $n(X)$의 값과 각각의 경우에서 $n(Y)$의 값에 따라 경우를 나누어 고려하는 것이 바람직합니다.

$n(Y)$의 값에 따라 Y의 원소를 고르는 경우의 수는 조합을 활용하며 각각의 경우에서 가능한 함수 f의 개수는 중복을 허용하여 만든 순열의 개수와 동일하므로 중복순열을 활용해야 합니다.

따라서 주어진 조건을 만족할 확률은 조건부확률의 정의를 이용하여 구할 수 있습니다.

> 사건 A가 일어났다고 가정할 때 사건 B가 일어날 확률은 사건 A가 일어났을 때의 사건 B의 조건부확률이라고 하며, 이것을 기호로 $\mathrm{P}(B|A)$와 같이 나타낸다. 이때 $\mathrm{P}(B|A)=\frac{n(A\cap B)}{n(A)}$이다.

29. 이산확률변수 X가 가질 수 있는 값은 -1, 0, 1뿐이다.

$\mathrm{P}(X=1)=\frac{1}{8}$일 때, $\mathrm{V}(4X)$의 최댓값을 구하시오.

해설

$\mathrm{P}(X=0)=t\left(0\leq t\leq\frac{7}{8}\right)$라 할 때, 이산확률변수 X의 확률분포는 다음 표와 같다.

X	-1	0	1	합계
$\mathrm{P}(X=x)$	$\frac{7}{8}-t$	t	$\frac{1}{8}$	1

이때 $\mathrm{E}(X)=-\left(\frac{7}{8}-t\right)+\frac{1}{8}=t-\frac{3}{4}$이고 $\mathrm{E}(X^2)=\left(\frac{7}{8}-t\right)+\frac{1}{8}=1-t$이다.

따라서 $\mathrm{V}(X)=\mathrm{E}(X^2)-\{\mathrm{E}(X)\}^2=(1-t)-\left(t-\frac{3}{4}\right)^2=-t^2+\frac{1}{2}t+\frac{7}{16}=-\left(t-\frac{1}{4}\right)^2+\frac{1}{2}$이므로

$\mathrm{V}(X)$는 $t=\frac{1}{4}$일 때 최댓값 $\frac{1}{2}$을 가진다. 따라서 $\mathrm{V}(4X)=16\mathrm{V}(X)$의 최댓값은 8이다.

comment

주어진 조건에서 $\mathrm{P}(X=0)$ 또는 $\mathrm{P}(X=-1)$의 값을 미지수로 설정하여 $\mathrm{E}(X)$와 $\mathrm{E}(X^2)$의 값을 미지수에 대하여 나타내 $\mathrm{V}(X)$의 값을 미지수에 대한 관계식으로 나타내는 것이 바람직합니다.

> 이산확률변수 X의 분산 $\mathrm{V}(X)$의 전개식에서 분산을 $\mathrm{V}(X)=\mathrm{E}(X^2)-\{\mathrm{E}(X)\}^2$와 같이 구할 수 있다.

이때 $\mathrm{V}(4X)=16\mathrm{V}(X)$이므로 $\mathrm{V}(X)$의 최댓값을 구해 $\mathrm{V}(4X)$의 최댓값을 구할 수 있습니다.

> 이산확률변수 X와 두 상수 a, b에 대하여 확률변수 $Y=aX+b$를 생각하면
> 확률변수 Y의 평균은 $\mathrm{E}(Y)=\mathrm{E}(aX+b)=a\mathrm{E}(X)+b$이고,
> 확률변수 Y의 분산은 $\mathrm{V}(Y)=\mathrm{V}(aX+b)=a^2\mathrm{V}(X)$이며,
> 확률변수 Y의 표준편차는 $\sigma(Y)=\sqrt{\mathrm{V}(Y)}=|a|\sigma(X)$이다.

30. 집합 $X=\{0,\ 1,\ 2,\ 3,\ 4,\ 5,\ 6\}$에 대하여 다음 조건을 만족시키는 함수 $f: X \to X$의 개수를 구하시오. [4점]

> (가) $f(0)=0,\ f(4)=6$
> (나) 5 이하의 자연수 x에 대하여 $f(x-1) \le f(x)$이면 $f(x) > f(x+1)$이다.
> (다) X의 어떤 원소 t에 대하여 방정식 $f(x)=t$의 서로 다른 실근의 개수가 3이다.

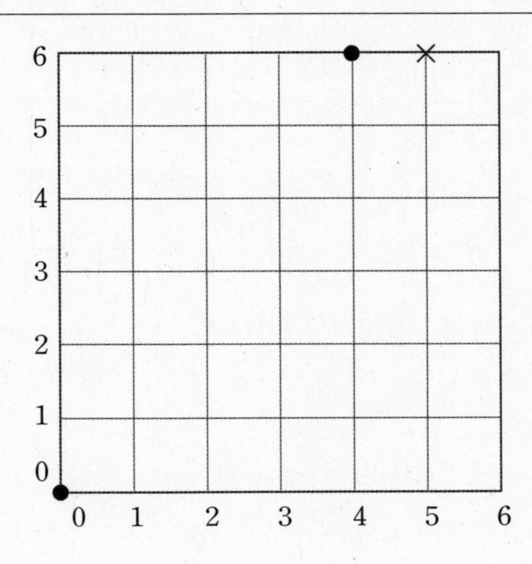

해설 1

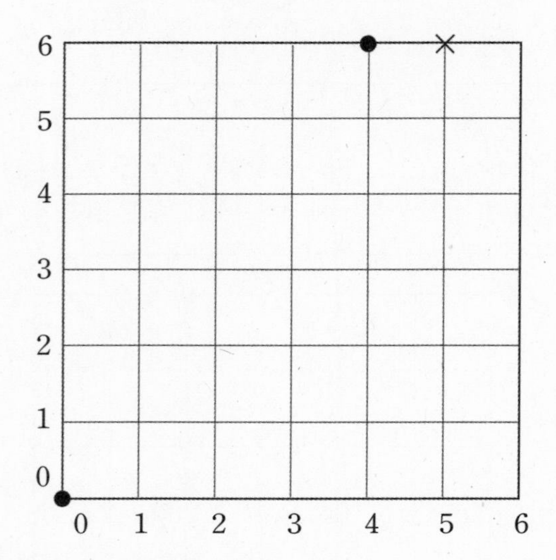

조건 (나)에서 $f(0)=0\le f(1)$이므로 $f(1)>f(2)$이다.

이때 $f(2)\le f(3)$인 경우 $f(3)>f(4)=6$이므로 주어진 조건을 만족하지 않는다.

$\therefore\ f(1)>f(2)>f(3)$

이때 $f(3)\le f(4)$이므로 $f(4)=6>f(5)$이다. 다시 말해 $f(5)\ne 6$이다.

이제 조건 (다)를 만족하는 t의 값과 0, 6과의 대소비교에 따라 경우를 나누어 고려해보자.

① 조건 (다)를 만족하는 t의 값 중 0이 존재하는 경우

우선 $f(3)=0$인 경우 $f(5)\ne f(6)$이므로 $f(0)=f(3)=f(5)$ 또는 $f(0)=f(3)=f(6)$이다.

가능한 순서쌍 $(f(5),\ f(6))$의 개수는 $6+5=11$다.

이때 가능한 순서쌍 $(f(1),\ f(2))$의 개수는 6 이하의 자연수 중 2개를 고르는 경우의 수,

즉 ${}_6\mathrm{C}_2=15$이므로 $f(3)=0$인 경우의 수는 $11\times15=165$이다.

$f(3)\ne0$인 경우 $f(5)=f(6)=0$이다. 이때 가능한 서로 다른 집합 $\{f(1),\ f(2),\ f(3)\}$의 개수는

${}_6\mathrm{C}_3=20$이므로 $f(3)\ne0$인 경우의 수는 20이다.

따라서 조건 (다)를 만족하는 t의 값 중 0이 존재하는 경우의 수는 185이다.

② 조건 (다)를 만족하는 t의 값 중 6이 존재하는 경우

$f(5)\ne6$이므로 방정식 $f(x)=6$이 서로 다른 세 실근만을 가질 때 $f(1)>f(2)>f(3)$에서 $f(1)=6$이고

$f(6)=6$이다. 즉 이 경우 $f(1)=f(4)=f(6)=6$이다.

이때 가능한 순서쌍 $(f(2),\ f(3))$의 개수는 ${}_6\mathrm{C}_2=15$이며 $f(5)$의 값은 5 이하의 음이 아닌 정수이므로

가능한 $f(5)$의 값의 개수는 6이다.

따라서 조건 (다)를 만족하는 t의 값 중 6이 존재하는 경우의 수는 $15\times6=90$이다.

③ 조건 (다)를 만족하는 t의 값 중 0과 6이 존재하는 경우

$f(1)=f(4)=f(6)=6$이고 $f(2)>f(3)$에서 $f(0)=f(3)=f(5)=0$이므로 $t=0$이고 $t=6$인 경우의 수는

$f(2)$의 값을 5 이하의 자연수 중 하나를 고르는 경우의 수와 동일하다.

따라서 조건 (다)를 만족하는 t의 값 중 0과 6이 존재하는 경우의 수는 5이다.

즉 조건 (다)를 만족하는 t의 값 중 0 또는 6이 존재하는 경우의 수는 $185+90-5=270$이다.

④ 조건 (다)를 만족하는 t의 값 중 열린구간 $(0,\ 6)$에 속하는 t의 값이 존재하는 경우

$t \neq f(0)$, $t \neq f(4)$이며 $f(1) > f(2) > f(3)$이므로 조건 (다)에서 $f(5) = f(6) = t$이다.

이때 열린구간 $(0,\ 6)$에서 조건 (다)를 만족하는 t의 값이 존재하면 방정식 $f(x) = 0$의 서로 다른 실근의 개수가 3보다 작고 방정식 $f(x) = 6$ 또한 서로 다른 실근의 개수가 3보다 작다.

$t = f(1)$인 경우 $f(1) > f(2) > f(3)$에서 $2 \leq f(1) \leq 5$이며 각각의 $f(1)$의 값에 대하여 가능한 순서쌍 $(f(2),\ f(3))$의 개수는 ${}_t\mathrm{C}_2$이므로 $t = 2$에서 5까지 ${}_t\mathrm{C}_2$의 합은 ${}_2\mathrm{C}_2 + {}_3\mathrm{C}_2 + {}_4\mathrm{C}_2 + {}_5\mathrm{C}_2 = {}_6\mathrm{C}_3 = 20$이다.

$t = f(2)$인 경우 $f(1) > f(2) > f(3)$에서 $1 \leq f(2) \leq 5$이며 각각의 $f(2)$의 값에 대하여 가능한 순서쌍 $(f(1),\ f(3))$의 개수는 $(6-t)t$이므로 $t = 1$에서 5까지 $(6-t)t$의 합은 $\sum_{t=1}^{5} 6t - \sum_{t=1}^{5} t^2 = 90 - 55 = 35$이다.

$t = f(3)$인 경우 $f(1) > f(2) > f(3)$에서 $1 \leq f(3) \leq 4$이며 각각의 $f(3)$의 값에 대하여 가능한 순서쌍 $(f(1),\ f(2))$의 개수는 ${}_{6-t}\mathrm{C}_2$이므로 $t = f(1)$인 경우의 수와 동일하다.

즉 조건 (다)를 만족하는 t의 값이 모두 열린구간 $(0,\ 6)$에 속하는 경우의 수는 $20 + 35 + 20 = 75$이다.

따라서 집합 $X = \{0,\ 1,\ 2,\ 3,\ 4,\ 5,\ 6\}$에 대하여 다음 조건을 만족시키는 함수 $f : X \rightarrow X$의 개수는 $270 + 75 = 345$이다.

해설 2

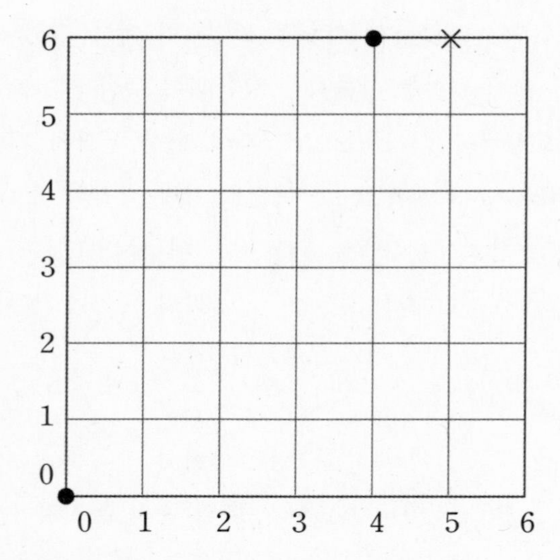

조건 (나)에서 $f(0)=0 \le f(1)$이므로 $f(1)>f(2)$이다.

이때 $f(2)\le f(3)$인 경우 $f(3)>f(4)=6$이므로 주어진 조건을 만족하지 않는다.

$\therefore\ f(1)>f(2)>f(3)$

이때 $f(3)\le f(4)$이므로 $f(4)=6>f(5)$이다. 다시 말해 $f(5)\ne 6$이다.

즉 가능한 순서쌍 $(f(1),\ f(2),\ f(3))$의 개수는 ${}_7\mathrm{C}_3=35$이며 가능한 $f(5)$의 값은 5 이하의 음이 아닌 정수이므로 가능한 $f(5)$의 값의 개수는 6이며 $f(6)$의 값은 6 이하의 음이 아닌 정수이므로 가능한 $f(6)$의 값의 개수는 7이다.

따라서 조건 (가)와 조건 (나)를 만족하는 경우의 수는 $35\times6\times7=1470$이다.

이 중 조건 (다)를 만족하지 않는 모든 경우에서 X의 모든 원소 t에 대해 방정식 $f(x)=t$의 서로 다른 실근의 개수가 3이 아니다.

즉 조건 (다)를 만족하지 않으면 X의 어떤 원소 t에 대해 방정식 $f(x)=t$의 서로 다른 실근의 개수가 4 이상이거나 X의 모든 원소 t에 대해 방정식 $f(x)=t$의 서로 다른 실근의 개수가 2 이하이다.

이때 X의 어떤 원소 t에 대해 방정식 $f(x)=t$의 서로 다른 실근의 개수가 4 이상인 경우를 살펴보자.

$f(5)\ne 6$이고 $f(1)>f(2)>f(3)$이므로 $f(5)\ne f(6)$인 경우 방정식 $f(x)=t$의 서로 다른 실근의 개수의 최댓값은 3이다. 따라서 $f(5)=f(6)$이며 $f(0)=f(3)=f(5)=f(6)=0=t$일 때 방정식 $f(x)=t$의 서로 다른 실근의 개수가 4가 된다.

이때 가능한 순서쌍 $(f(1),\ f(2))$의 개수는 ${}_6\mathrm{C}_2=15$이다.

즉 어떤 원소 t에 대해 방정식 $f(x)=t$의 서로 다른 실근의 개수가 4 이상인 경우의 수는 15이다.

X의 모든 원소 t에 대해 방정식 $f(x)=t$의 서로 다른 실근의 개수가 2 이하인 경우는 $6\ge f(1)>f(2)>f(3)\ge 0$이고 $f(0)=0$, $f(4)=6$이므로 $f(1)=6$ 또는 $f(1)\ne 6$인 경우와 $f(3)=0$ 또는 $f(3)\ne 0$인 경우로 나누어 고려하자.

① $f(1)=6$, $f(3)=0$인 경우

가능한 $f(2)$의 값은 5 이하의 자연수이므로 가능한 $f(2)$의 값의 개수는 5이다.

이때 $f(5)=f(2)$인 경우 $1 \leq f(6) \leq 5$, $f(6) \neq f(5)$에서 가능한 $f(6)$의 값의 개수는 4이다.

한편 $f(5) \neq f(2)$인 경우 가능한 $f(5)$의 값의 개수는 4이며 이때 가능한 $f(6)$의 값의 개수가 5이므로 $f(5) \neq f(2)$인 경우의 수는 $4 \times 5 = 20$이다.

따라서 $f(1)=6$, $f(3)=0$인 경우의 수는 $5 \times (4+20)=120$이다.

② $f(1)=6$, $f(3) \neq 0$인 경우

가능한 순서쌍 $(f(2),\ f(3))$의 개수는 ${}_5\mathrm{C}_2 = 10$이다.

$f(5)=f(2)$ 또는 $f(5)=f(3)$인 경우 $0 \leq f(6) \leq 5$, $f(6) \neq f(5)$에서

가능한 $f(6)$의 값의 개수는 각각 5이다.

$f(5) \neq f(2)$이고 $f(5) \neq f(3)$이며 $f(5) \neq 0$인 경우 가능한 $f(5)$의 값의 개수는 3이며

이때 $0 \leq f(6) \leq 5$에서 가능한 $f(6)$의 값의 개수는 6이다.

$f(5)=0$인 경우 $1 \leq f(6) \leq 5$에서 가능한 $f(6)$의 값의 개수는 5이다.

따라서 $f(1)=6$, $f(3) \neq 0$인 경우의 수는 $10 \times (2 \times 5 + 3 \times 6 + 5)=330$이다.

③ $f(1) \neq 6$, $f(3)=0$인 경우

가능한 순서쌍 $(f(1),\ f(2))$의 개수는 ${}_5\mathrm{C}_2 = 10$이다.

$f(5)=f(1)$ 또는 $f(5)=f(2)$인 경우 $1 \leq f(6) \leq 6$, $f(6) \neq f(5)$에서

가능한 $f(6)$의 값의 개수는 각각 5이다.

$f(5) \neq f(1)$이고 $f(5) \neq f(2)$인 경우 가능한 $f(5)$의 값의 개수는 3이며 이때 $1 \leq f(6) \leq 6$에서 가능한 $f(6)$의 값의 개수는 6이다.

따라서 $f(1)=6$, $f(3) \neq 0$인 경우의 수는 $10 \times (2 \times 5 + 3 \times 6)=280$이다.

④ $f(1) \neq 6$, $f(3) \neq 0$인 경우

가능한 순서쌍 $(f(1),\ f(2),\ f(3))$의 개수는 ${}_5\mathrm{C}_3 = 10$이다.

$f(5)=f(1)$ 또는 $f(5)=f(2)$ 또는 $f(5)=f(3)$인 경우 $0 \leq f(6) \leq 6$, $f(6) \neq f(5)$에서 가능한 $f(6)$의 값의 개수는 각각 6이다.

$f(5) \neq f(1)$이고 $f(5) \neq f(2)$이며 $f(5) \neq f(3)$이고 $f(5) \neq 0$인 경우 가능한 $f(5)$의 값의 개수는 2이며 이때 $0 \leq f(6) \leq 6$에서 가능한 $f(6)$의 값의 개수는 7이다.

$f(5)=0$인 경우 $1 \leq f(6) \leq 6$에서 가능한 $f(6)$의 값의 개수는 6이다.

즉 $f(1) \neq 6$, $f(3) \neq 0$인 경우의 수는 $10 \times (3 \times 6 + 2 \times 7 + 6)=380$이다.

따라서 X의 모든 원소 t에 대해 방정식 $f(x)=t$의 서로 다른 실근의 개수가 2 이하인 경우의 수는 $120+330+280+380=1110$이다.

그러므로 집합 $X=\{0,\ 1,\ 2,\ 3,\ 4,\ 5,\ 6\}$에 대하여 다음 조건을 만족시키는 함수 $f : X \to X$의 개수는 $1470-(15+1110)=345$이다.

comment

조건 (가)와 조건 (나)에서 $f(1)>f(2)>f(3)$임은 귀류법으로 고려해보는 것이 바람직합니다.

> 명제 $p \to q$가 참임을 증명하고자 할 때, 그 명제의 결론 q를 부정하면 명제의 가정이나 참이라고 알려진 사실에 모순이 된다는 것을 밝혀 명제 $p \to q$가 참임을 증명하는 방법을 귀류법이라고 한다.

또한 $f(5) \neq 6$이므로 조건 (다)를 만족하는 t의 값에 따라 경우를 분류하는 것이 바람직합니다.

이때 $f(1)>f(2)>f(3)$이므로 가능한 순서쌍 $(f(1),\ f(2),\ f(3))$의 개수는 조합을 이용하여 구할 수 있습니다.

> 일반적으로 서로 다른 n개에서 $r(0<r \leq n)$개를 택하는 것을 n개에서 r개를 택하는 조합이라고 하며, 이 조합의 수를 기호로 ${}_{n}\mathrm{C}_{r}$와 같이 나타낸다.

또한 가능한 순서쌍 $(f(5),\ f(6))$ 중 하나를 고르는 경우는 가능한 순서쌍 $(f(1),\ f(2),\ f(3))$ 중 하나를 고르는 경우와 동시에 일어나므로 곱의 법칙으로 각각의 경우의 수를 구할 수 있습니다.

> 두 사건 $P,\ Q$에 대하여 두 사건 $P,\ Q$가 동시에 일어나는 경우의 수는 (사건 P가 일어나는 경우의 수) $\times$ (그 각각에 대하여 사건 Q가 일어나는 경우의 수)이고, 이를 곱의 법칙이라고 한다.

특히 조건 (다)를 만족하는 t의 값이 모두 열린구간 $(0,\ 6)$에 속하는 경우의 수를 셀 때

조합의 성질을 활용하는 것이 바람직합니다.

> n개에서 r개를 택하는 경우는 다음과 같이 두 경우로 나누어 생각할 수 있다.
> i) r개 중 특정한 하나를 포함하지 않는 경우, 그 경우의 수는 ${}_{n-1}\mathrm{C}_{r}$이다.
> ii) r개 중 특정한 하나를 포함하는 경우, 그 경우의 수는 ${}_{n-1}\mathrm{C}_{r-1}$이다.
> i)과 ii)가 동시에 일어나지 않으므로 합의 법칙에 의하여 ${}_{n}\mathrm{C}_{r}={}_{n-1}\mathrm{C}_{r}+{}_{n-1}\mathrm{C}_{r-1}$이다.
> 또한 ${}_{n}\mathrm{C}_{r}={}_{n-1}\mathrm{C}_{r}+{}_{n-1}\mathrm{C}_{r-1}$에서 ${}_{r}\mathrm{C}_{r}+{}_{r+1}\mathrm{C}_{r}+{}_{r+2}\mathrm{C}_{r}+\ \cdots\ +{}_{n}\mathrm{C}_{r}={}_{n+1}\mathrm{C}_{r+1}$이다.

한편 해설 2.와 같이 조건 (다)를 만족하지 않는 경우를 여사건으로 고려할 수 있습니다.

> '모든'이 들어 있는 명제는 성립하지 않는 예가 하나만 있어도 거짓인 명제가 되고,
> '어떤'을 포함한 명제는 성립하는 예가 하나만 있어도 참인 명제이다.
> 명제 '모든 x에 대하여 p이다.'의 부정은 'p가 아닌 x가 있다.', 즉 '어떤 x에 대하여 $\sim p$이다.'가 된다.
> 또 '어떤 x에 대하여 p이다.'의 부정은 'p인 x가 없다.', 즉 '모든 x에 대하여 $\sim p$이다.'가 된다.

순차적 접근에 따른 계산량이 많은 경우의 수 문제를 푸는 것이 때로는 힘들게 느껴질 수 있습니다.

하지만 이런 문제를 꾸준히 풀어나가는 것은 여러분의 수학적 능력 향상에 큰 도움이 됩니다.

23. $\lim_{x \to 0} \frac{\sin 3x}{\sin 7x}$의 값은? [2점]

① $\frac{3}{7}$ ② $\frac{2}{3}$ ③ 1 ④ $\frac{3}{2}$ ⑤ $\frac{7}{3}$

해설

$$\lim_{x \to 0} \frac{\sin 3x}{\sin 7x} = \lim_{x \to 0} \left(\frac{\sin 3x}{3x} \times \frac{3x}{7x} \times \frac{7x}{\sin 7x} \right) = \frac{3}{7}$$

---

24. $\lim_{n \to \infty} \frac{1}{n} \sum_{k=1}^{n} e^{\left(1 - \frac{k}{n}\right)}$의 값은? [3점]

① $e-1$ ② $\frac{1}{e}-1$ ③ $1-e$ ④ $1-\frac{1}{e}$ ⑤ e

해설

$$\int_0^1 e^{1-x} dx = \int_0^1 e^x dx = e-1$$

---

25. 이차함수 $f(x)$가 실수 전체의 집합에서 $f(x) \geq 1 - \cos x$를 만족한다.

$f(0)$이 최솟값을 가질 때 $f(2)$의 최솟값은? [3점]

① 1 ② 2 ③ 3 ④ 4 ⑤ 5

해설

$f(0)$이 최솟값을 가질 때 곡선 $y = f(x)$와 곡선 $y = 1 - \cos x$가 $x = 0$에서 접한다.

즉 $x = 0$일 때 $1 - \cos x = 0$이고 $\frac{d}{dx}(1 - \cos x) = \sin x = 0$이므로 $f(0)$의 최솟값은 0이며

이때 $f'(0) = 0$이다.

따라서 $f(x)$의 최고차항의 계수를 a라 할 때 $f(x) = ax^2$이다.

이때 $ax^2 - (1 - \cos x) = g(x)$라 하자. $g(x) \geq 0$이고 $g'(0) = 0$이므로 $g''(0) \geq 0$일 때 주어진 조건을 만족한다. 즉 $g'(x) = 2ax - \sin x$, $g''(x) = 2a - \cos x$에서 $g''(0) = 2a - 1 \geq 0$이므로 $a \geq \frac{1}{2}$이다.

이때 $f(2) = 4a$이므로 $a = \frac{1}{2}$에서 $f(2)$는 최솟값 2를 가진다.

26. 그림과 같이 곡선 $y=\sqrt{(\csc x+2\cot x)\csc x}$ $\left(\frac{\pi}{6}\le x\le\frac{\pi}{3}\right)$와 x축 및 두 직선 $x=\frac{\pi}{6}$, $x=\frac{\pi}{3}$로 둘러싸인 부분을 밑면으로 하는 입체도형이 있다. 이 입체도형을 x축에 수직인 평면으로 자른 단면이 모두 정사각형일 때, 이 입체도형의 부피는? [3점]

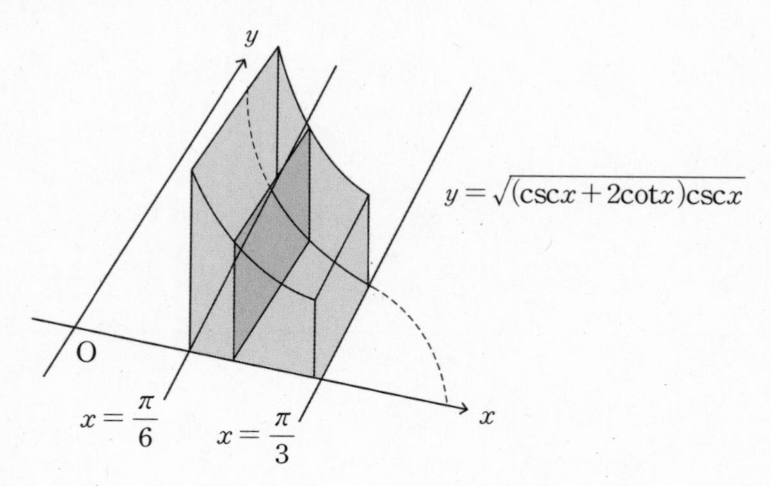

① $2-\frac{2\sqrt{3}}{3}$　② $3-\frac{2\sqrt{3}}{3}$　③ $4-\frac{2\sqrt{3}}{3}$
④ $5-\frac{2\sqrt{3}}{3}$　⑤ $6-\frac{2\sqrt{3}}{3}$

해설

$$\int_{\frac{\pi}{6}}^{\frac{\pi}{3}} y^2dx=\int_{\frac{\pi}{6}}^{\frac{\pi}{3}}(\csc x+2\cot x)\csc x dx=\int_{\frac{\pi}{6}}^{\frac{\pi}{3}}\csc^2x+2\cot x\csc x dx=\int_{\frac{\pi}{6}}^{\frac{\pi}{3}}\csc^2 x dx+2\int_{\frac{\pi}{6}}^{\frac{\pi}{3}}\csc x\cot x\, dx$$

$$=[-\cot x]_{\frac{\pi}{6}}^{\frac{\pi}{3}}+2[-\csc x]_{\frac{\pi}{6}}^{\frac{\pi}{3}}=\left(-\frac{\sqrt{3}}{3}+\sqrt{3}\right)+2\left(-\frac{2\sqrt{3}}{3}+2\right)=4-\frac{2\sqrt{3}}{3}$$

---

27. 실수 전체의 집합에서 이계도함수를 갖는 함수 $f(x)$는 모든 실수 x에서 $f''(x)\ge 0$이다.
$f(1)=3$, $f(2)=4$일 때 $\int_1^2 xf'(x)dx$의 최솟값은? [3점]

① $\frac{1}{2}$　② 1　③ $\frac{3}{2}$　④ 2　⑤ $\frac{5}{2}$

해설

$f''(x)\ge 0$에서 $1\le x\le 2$에서 $f(x)\le\frac{f(2)-f(1)}{2-1}(x-1)+f(1)=x+2$이다.

한편 $\int_1^2 xf'(x)dx=[xf(x)]_1^2-\int_1^2 f(x)dx$에서 $2f(2)-f(1)=5$이며 $\int_1^2 f(x)dx\le\int_1^2 x+2dx=\frac{7}{2}$

이므로 $\int_1^2 xf'(x)dx$는 $\int_1^2 f(x)dx=\frac{7}{2}$일 때 최솟값 $5-\frac{7}{2}=\frac{3}{2}$를 갖는다.

---

28. 최고차항의 계수가 1인 삼차함수 $f(x)$에 대하여 실수 전체의 집합에서 미분가능한 함수 $g(x)$가 다음 조건을 만족한다.

> (가) 1이 아닌 임의의 실수 x에 대하여 $f'(x)=\dfrac{f(x)}{x-g(x)}$이다.
> (나) $f(2)=4g(0)$

함수 $g(x)$가 실수 전체의 집합에서 정의된 역함수를 가지며 이를 $h(x)$라 할 때, $h'\left(\dfrac{3}{2}\right)$의 값은? [4점]

① $\dfrac{7}{6}$ ② $\dfrac{4}{3}$ ③ $\dfrac{3}{2}$ ④ $\dfrac{5}{3}$ ⑤ $\dfrac{11}{6}$

해설

조건 (가)에서 1이 아닌 임의의 실수 x에 대하여 $x-g(x)\neq 0$이며 이때 두 점 $(x,\ f(x))$, $(g(x),\ 0)$을 이은 직선의 기울기가 $f'(x)$이다.

즉 1이 아닌 임의의 실수 a에 대하여 $g(a)$는 곡선 $y=f(x)$ 위의 점 $(a,\ f(a))$에 접하는 접선의 x절편이다. 이때 함수 $g(x)$가 실수 전체의 집합에서 연속이므로 $f(a)=0$일 때 $a=g(a)$이다.

조건 (가)에서 $x\neq 1$일 때 $f'(x)=\dfrac{f(x)}{x-g(x)}$이고 $\{x-g(x)\}f'(x)=f(x)$이며 $g(x)=x-\dfrac{f(x)}{f'(x)}$이다.

이때 양변을 미분하면 $g'(x)=1-\dfrac{\{f'(x)\}^2-f(x)f''(x)}{\{f'(x)\}^2}=\dfrac{f(x)f''(x)}{\{f'(x)\}^2}$이다.

한편 함수 $g(x)$가 실수 전체의 집합에서 역함수를 가지며 함수 $f(x)$의 최고차항의 계수가 양수이므로 $g'(x)\geq 0$이다.

이때 삼차함수 $f(x)$와 일차함수 $f''(x)$는 적어도 한 실근을 가지므로 $f(x)=0$은 $f''(x)=0$이기 위한 필요충분조건이다.

또한 $f(a)=0$일 때 $a\neq 1$이면 $x=a$에서 $x-g(x)=0$이므로 조건 (가)를 만족하지 않는다.

즉 함수 $f(x)$는 $x=1$에서 변곡점 $(1,\ 0)$을 가진다.

이때 곡선 $y=f(x)$가 점 $(1,\ f(1))$에 대해 점대칭이므로 $f'(0)=\dfrac{f(0)}{-g(0)}=\dfrac{f(2)}{g(0)}$에서 $f'(0)=4$이다.

즉 $f(x)=(x-1)^3+k(x-1)$이라 할 때 $f'(x)=3(x-1)^2+k$이며 $f'(0)=3+k=4$이다.

따라서 $k=1$이므로 $f(x)=(x-1)^3+(x-1)$이다.

$h\left(\dfrac{3}{2}\right)$의 값은 점 $\left(\dfrac{3}{2},\ 0\right)$에서 곡선 $y=f(x)$에 그은 접선과 곡선 $y=f(x)$의 교점의 x좌표이다.

점 $\left(\dfrac{3}{2},\ 0\right)$에서 곡선 $y=f(x)$에 그은 접선의 기울기를 m이라 하면 $x=h\left(\dfrac{3}{2}\right)$일 때

$(x-1)^3+(x-1)=m\left(x-\dfrac{3}{2}\right)$과 $3(x-1)^2+1=m$을 만족한다.

즉 $(x-1)^3+(x-1)=\{3(x-1)^2+1\}\left(x-\dfrac{3}{2}\right)$에서 $2x^3-\dfrac{15}{2}x^2+9x-4=(x-2)\left(2x^2-\dfrac{7}{2}x+2\right)$이고

$h(x)$가 실수 전체의 집합에서 일대일대응이므로 $h\left(\dfrac{3}{2}\right)=2$이다.

$f'(x)=3(x-1)^2+1$이고 $f''(x)=6(x-1)$이므로 $g'(2)=\dfrac{f(2)f''(2)}{\{f'(2)\}^2}=\dfrac{(1+1)\times 6}{(3+1)^2}=\dfrac{3}{4}$이다.

$\therefore\ h'\left(\dfrac{3}{2}\right)=\dfrac{4}{3}$

comment

조건 (가)에서 주어진 등식 $f'(x)=\dfrac{f(x)}{x-g(x)}$의 우변은 $\dfrac{f(x)-0}{x-g(x)}$입니다.

이를 두 점 $(x,\ f(x))$와 $(g(x),\ 0)$을 지나는 직선의 기울기로 관찰하는 것이 바람직합니다.

> 함수 $y=f(x)$는 x의 값이 a에서 b까지 변할 때, y의 값은 $f(a)$에서 $f(b)$까지 변한다. 이때 값의 변화량을 증분이라 하며, 기호로 각각 $\Delta x=b-a$, $\Delta y=f(b)-f(a)=f(a+\Delta x)-f(a)$와 같이 나타낸다. 또, $\dfrac{\Delta y}{\Delta x}=\dfrac{f(b)-f(a)}{b-a}=\dfrac{f(a+\Delta x)-f(a)}{\Delta x}$를 x의 값이 a에서 b까지 변할 때의 혹은, $x=a$에서의 x의 증분이 Δx일 때의 함수 $y=f(x)$의 평균변화율이라 한다.
> 따라서 평균변화율은 함수의 그래프에서 두 점을 지나는 직선의 기울기와 같은 의미이다.

이때 함수 $g(x)$가 실수 전체의 집합에서 연속이므로 $f(a)=0$일 때 $a=g(a)$임을 관찰할 수 있습니다.

> 함수 $y=f(x)$가 $x=a$에서 미분가능하면 $x=a$에서의 미분계수 $f'(a)=\lim\limits_{x\to a}\dfrac{f(x)-f(a)}{x-a}$가 존재하므로 $\lim\limits_{x\to a}\{f(x)-f(a)\}=\lim\limits_{x\to a}\left\{\dfrac{f(x)-f(a)}{x-a}\times(x-a)\right\}=\lim\limits_{x\to a}\dfrac{f(x)-f(a)}{x-a}\times\lim\limits_{x\to a}(x-a)=0$ 이다.
> 따라서 $\lim\limits_{x\to a}\{f(x)-f(a)\}=0$이므로 함수 $y=f(x)$는 $x=a$에서 연속이다.

한편 함수 $g(x)$가 실수 전체의 집합에서 역함수를 가지므로 일대일대응임을 확인하는 것이 바람직합니다. 즉 실수 전체의 집합에서 $g'(x)\geq 0$이 성립합니다.

> 일반적으로 $f:X\to Y$가 일대일대응이면 Y의 임의의 원소 y에 대하여 $f(x)=y$인 X의 원소 x는 오직 하나 존재한다. 따라서 Y의 각 원소 y에 $f(x)=y$인 X의 원소 x를 대응하면 Y를 정의역, X를 공역으로 하는 새로운 함수를 정의할 수 있다. 이 새로운 함수를 함수 f의 역함수라고 하며, 이것을 기호로 f^{-1}와 같이 나타낸다. 즉 $f^{-1}:Y\to X$, $x=f^{-1}(y)$이다.

이 경우 $f(x)=(x-1)^3+k(x-1)\ (k\geq 0)$임을 확인할 수 있습니다.
본 문제에서는 사용되지 않은 개념이지만 아래의 개념도 함께 학습해두길 바랍니다.

> 함수가 어떤 구간에 속하는 임의의 두 수 x_1, x_2에 대하여
> $x_1<x_2$일 때, $f(x_1)<f(x_2)$이면 함수 $f(x)$는 이 구간에서 증가한다고 한다.
> 함수 $f(x)$가 어떤 구간에서 증가함수일 필요충분조건은 그 구간에 속하는 모든 x에 대하여 $f'(x)\geq 0$이고 그 구간 내에서 함수 $f(x)$가 상수함수가 되는 구간이 존재하지 않는 것이다.

한편 조건 (나)에서 곡선 $y=f(x)$가 점 $(1,\ 0)$에 대하여 점대칭임을 이용하는 것이 바람직합니다.

> 변곡점은 함수의 그래프의 오목성과 볼록성이 바뀌는 점이다. 모든 삼차함수는 변곡점을 가지고 있으며, 삼차함수 $f(x)=ax^3+bx^2+cx+d$에 대하여 도함수 $f'(x)=3ax^2+2bx+c$가 이차함수이고 대칭축 $x=-\dfrac{b}{3a}$에서 극값을 가지므로 삼차함수 $f(x)$의 변곡점의 좌표는 $\left(-\dfrac{b}{3a},\ f\left(\dfrac{b}{3a}\right)\right)$이다.
>
> $f(x)=\displaystyle\int f'(x)dx$이고 도함수 $f'(x)=3ax^2+2bx+c$의 그래프가 $x=-\dfrac{b}{3a}$을 기준으로 대칭을 이루므로 삼차함수 $y=f(x)$의 그래프는 변곡점에 대해 대칭이다.

따라서 $f(x)=(x-1)^3+(x-1)$임을 확인할 수 있습니다.

마지막으로 $h'\left(\dfrac{3}{2}\right)$의 값은 역함수의 미분법을 활용하여 구하는 것이 바람직합니다.

> 미분가능한 함수 $f(x)$의 역함수 $f^{-1}(x)$가 존재하고 미분가능할 때 $y=f^{-1}(x)$에서 $x=f(y)$이다. 이 식의 양변을 x에 대하여 미분하면 $1=f'(y)\dfrac{dy}{dx}$이다. 따라서 $f'(y)\neq 0$일 때 $\dfrac{dy}{dx}=\dfrac{1}{f'(y)}$이므로
>
> $(f^{-1})'(x)=\dfrac{1}{f'(y)}=\dfrac{1}{f'(f^{-1}(x))}$이다. 한편 $x=f(y)$의 양변을 y에 대하여 미분하면 $\dfrac{dx}{dy}=f'(y)$
>
> 이므로 $\dfrac{dy}{dx}=\dfrac{1}{\dfrac{dx}{dy}}$ $\left(\dfrac{dx}{dy}\neq 0\right)$이다.

---

29. 첫째항이 1인 등비수열 $\{a_n\}$에 대하여 $\displaystyle\sum_{n=1}^{\infty}a_{2n}=1$이다. 임의의 자연수 m에 대하여

$\displaystyle\sum_{n=1}^{\infty}a_{m(n-1)+2}=b_m$이라 할 때 $\displaystyle\sum_{m=1}^{\infty}\left(\frac{1}{b_{2m+1}}-\frac{1}{b_{2m}}\right)=p-q\sqrt{5}$이다. $p+q$의 값을 구하시오.

(단, p와 q는 유리수이다.) [4점]

해설

수열 $\{a_n\}$의 공비를 r이라 할 때 $\dfrac{r}{1-r^2}=1$에서 $r^2+r-1=0$이다.

이때 $r=\dfrac{-1\pm\sqrt{5}}{2}$에서 $-1<r^2<1$일 때 급수가 수렴하므로 $r=\dfrac{-1+\sqrt{5}}{2}$이다.

한편 $b_m=a_2+a_{m+2}+\ \cdots\ =\dfrac{r}{1-r^m}$에서 $\dfrac{1}{b_{2m+1}}-\dfrac{1}{b_{2m}}=\dfrac{1-r^{2m+1}}{r}-\dfrac{1-r^{2m}}{r}=-\left(r^{2m}-r^{2m-1}\right)$이다.

이때 $r^2+r-1=0$에서 $r^{2m+1}+r^{2m}-r^{2m-1}=0$이므로 $\dfrac{1}{b_{2m+1}}-\dfrac{1}{b_{2m}}=r^{2m+1}$이다.

$$\therefore \sum_{m=1}^{\infty}\left(\frac{1}{b_{2m+1}}-\frac{1}{b_{2m}}\right)=\sum_{m=1}^{\infty}\left(r^{2m+1}\right)=\frac{r^3}{1-r^2}=\frac{r}{1-r^2}\times r^2=r^2=1-r=\frac{3}{2}-\frac{\sqrt{5}}{2}$$

따라서 $p=\dfrac{3}{2},\ q=\dfrac{1}{2}$이므로 $p+q=2$이다.

comment

수열 $\{a_n\}$의 공비를 r이라 할 때 $\sum_{n=1}^{\infty} a_{2n}=1$에서 $-1<r^2<1$이므로 r의 값을 구할 수 있습니다.

> $|r|<1$일 때, $\lim_{n\to\infty} r^n=0$이므로 $\sum_{n=1}^{\infty} ar^{n-1}=\lim_{n\to\infty}\sum_{k=1}^{n} ar^{k-1}=\lim_{n\to\infty}\frac{a(1-r^n)}{1-r}=\frac{a}{1-r}$이다.
>
> 따라서 등비급수 $\sum_{n=1}^{\infty} ar^{n-1}$은 수렴하고, 그 합은 $\frac{a}{1-r}$이다.

한편 $-1<r^m=\left(\frac{-1+\sqrt{5}}{2}\right)^m<1$이므로 급수 $\sum_{n=1}^{\infty} a_{m(n-1)+2}$이 수렴함을 확인할 수 있습니다.

이때 $b_m=a_2+a_{m+2}+\ \cdots$ 을 r에 대한 관계식으로 표현한 이후 $r^2+r-1=0$임을 활용하여

$\frac{1}{b_{2m+1}}-\frac{1}{b_{2m}}$을 r에 대한 단순한 형태로 정리하는 것이 바람직합니다.

동일하게 $\sum_{m=1}^{\infty}\left(\frac{1}{b_{2m+1}}-\frac{1}{b_{2m}}\right)$의 값 또한 r에 대한 단순한 형태로 정리하여 구할 수 있습니다.

---

30. 열린구간 $(a,\ a+2)=X$에 대하여 미분가능한 함수 $f:X\to X$가 $\cos\left\{\frac{\pi}{2}f(x)\right\}=1-x$를

만족한다. $\lim_{x\to a+}\pi^2 f'(x)f(x)$의 값을 구하시오. (단, a는 상수이다.) [4점]

해설

열린구간 $(a,\ a+2)$에서 $\cos\left\{\frac{\pi}{2}f(x)\right\}=1-x$의 양변을 미분하면 $-\frac{\pi}{2}f'(x)\sin\left\{\frac{\pi}{2}f(x)\right\}=-1$이다.

한편 열린구간 $(a,\ a+2)$에서 정의된 함수 $y=1-x$는 일대일대응이며 이때 치역은 열린구간 $(-a-1,\ -a+1)$이다.

따라서 열린구간 $(a,\ a+2)$에서 정의된 함수 $y=\cos\left\{\frac{\pi}{2}f(x)\right\}$ 또한 일대일대응이며 이때 치역은 열린구간 $(-a-1,\ -a+1)$이다.

한편 실수 전체의 집합에서 정의된 함수 $y=\cos x$의 치역이 닫힌구간 $[-1,\ 1]$이므로 $(-a-1,\ -a+1)\subset[-1,\ 1]$이다. 즉 $a=0$이다.

이때 $\lim_{x\to 0+}\cos\left\{\frac{\pi}{2}f(x)\right\}=\lim_{x\to 0+}1-x=1$에서 $\lim_{x\to 0+}f(x)=4n$ (단, n은 정수)이다.

한편 $f(x)$의 공역이 열린구간 $X=(0,\ 2)$이므로 $\lim_{x\to 0+}f(x)=0$이다.

따라서 $\lim_{x\to 0+}\pi^2 f'(x)f(x)=\lim_{x\to 0+}\frac{\pi}{2}f'(x)\sin\left\{\frac{\pi}{2}f(x)\right\}\times 2\pi\times\frac{f(x)}{\sin\left\{\frac{\pi}{2}f(x)\right\}}=4\times\lim_{x\to 0+}\frac{\frac{\pi}{2}f(x)}{\sin\left\{\frac{\pi}{2}f(x)\right\}}=4$

이다.

comment

$\lim_{x \to a+} \pi^2 f'(x)f(x)$에서 $f'(x)$에 대한 정보를 얻기 위해 $\cos\left\{\frac{\pi}{2}f(x)\right\}=1-x$의 양변을 미분하여 관찰하는 것이 바람직합니다. 이때 합성함수의 미분법을 활용하여 양변을 미분할 수 있습니다.

> 미분가능한 두 함수 $y=f(u)$, $u=g(x)$에 대하여 $\frac{dy}{dx}=f'(g(x))g'(x)$이다.

이때 $\cos\left\{\frac{\pi}{2}f(x)\right\}=1-x$에서 열린구간 $(a,\ a+2)$에서 정의된 함수 $y=1-x$는 일대일대응이므로 함수 $y=\cos\left\{\frac{\pi}{2}f(x)\right\}$ 또한 주어진 구간에서 일대일대응임을 관찰하는 것이 바람직합니다.

> $f: X \to Y$에서 X에 속하는 임의의 두 원소 x_1, x_2에 대하여 $x_1 \neq x_2$이면 $f(x_1) \neq f(x_2)$일 때, 함수 f를 일대일함수라고 한다.
> 일대일함수임을 보이려면 '$f(x_1)=f(x_2)$이면 $x_1=x_2$'를 이용해도 된다.
> 함수 f가 일대일함수이고 치역과 공역이 같을 때 함수 f를 일대일대응이라고 한다.

> 공집합이 아닌 세 집합 X, Y, Z에 대하여 두 함수 $f: X \to Y$, $g: Y \to Z$가 주어졌을 때, X의 각 원소 x에 대응하는 함숫값 $f(x)$는 Y의 원소이다. 또 Y의 원소 $f(x)$에 대응하는 함숫값 $g(f(x))$는 Z의 원소이다. 즉 X의 각 원소 x에 Z의 원소 $g(f(x))$를 대응시키면 X를 정의역, Z를 공역으로 하는 함수를 정의할 수 있는데, 이 함수를 f와 g의 합성함수라고 하며, 이것을 기호로 $g \circ f$와 같이 나타낸다. 즉 함수 f의 치역이 함수 g의 정의역의 부분집합일 때만 합성함수 $g \circ f$가 정의된다.

마지막으로 $\lim_{x \to a+} \pi^2 f'(x)f(x)$의 값은 아래의 극한식을 활용하여 구할 수 있습니다.

> $0 < x < \frac{\pi}{2}$일 때, $\cos x < \frac{\sin x}{x} < 1$이다. 이때 $\lim_{x \to 0+} \cos x = 1$, $\lim_{x \to 0+} 1 = 1$이므로 $\lim_{x \to 0+} \frac{\sin x}{x} = 1$이다.

쿠키문제

22. 서로 다른 두 양수 α, β가 다음 조건을 만족할 때 $\alpha+2\beta$의 값을 구하시오.

> 함수 $f(x)=(x-\alpha)(x-\beta)^2$에 대하여 $f(n)<0$을 만족하는 자연수 n이 유일하게 존재하며 이 자연수 n의 값을 m이라 할 때 $f'(m)=-1$이다.

쿠키해설

22. 서로 다른 두 양수 α, β가 다음 조건을 만족할 때 $\alpha+2\beta$의 값을 구하시오.

> 함수 $f(x)=(x-\alpha)(x-\beta)^2$에 대하여 $f(n)<0$을 만족하는 자연수 n이 유일하게 존재하며 이 자연수 n의 값을 m이라 할 때 $f'(m)=-1$이다.

해설

$f(n)=(n-\alpha)(n-\beta)^2<0$이면 $n\neq\beta$이고 $n-\alpha<0$이다.

우선 $\alpha<\beta$인 경우를 고려해보자. 이때 오직 $x<\alpha$에서만 $f(x)<0$이므로 $m<\alpha$이다.

한편 $m<\alpha$에서 $f'(m)>0$이다. 이는 주어진 조건 $f'(m)=-1$을 만족하지 않으므로 $\beta<\alpha$이다.

이때 $x<\beta$와 $\beta<x<\alpha$에서 $f(x)<0$이며 $x<\beta$에서 $f'(x)>0$이므로 $\beta<m<\alpha$이다.

또한 $\beta<m-1$인 경우 $f(m-1)<0$이므로 주어진 조건을 만족하지 않는다. $\therefore \beta\geq m-1$

동일하게 $\alpha>m+1$인 경우 $f(m+1)<0$이므로 주어진 조건을 만족하지 않는다. $\therefore \alpha\leq m+1$

따라서 $m-1\leq\beta<m<\alpha\leq m+1$이다.

이때 $f'(x)=(x-\beta)^2+2(x-\alpha)(x-\beta)$에서 $f'(m)=(m-\beta)^2+2(m-\alpha)(m-\beta)$이다.

즉 $m-\alpha=A$, $m-\beta=B$라 할 때 $-1\leq A<0$, $0<B\leq 1$, $B^2+2AB=-1$을 만족한다.

이때 $2AB=-1-B^2$에서 $B>0$이므로 $-1\leq A=\dfrac{-1-B^2}{2B}<0$, $-2B\leq -1-B^2<0$이다.

한편 $-2B\leq -1-B^2$에서 $B^2-2B+1=(B-1)^2\leq 0$이므로 $B=1$이며 이때 $A=-1$이다.

$\therefore\ \beta=m-1$, $\alpha=m+1$. 이때 $\beta>0$에서 $m>1$이다.

한편 $m>2$인 경우 $f(m-2)<0$이므로 $f(n)<0$을 만족하는 자연수 n이 적어도 두 개 존재한다.

따라서 $m=2$, $\beta=1$, $\alpha=3$이다. $\therefore \alpha+2\beta=5$

comment

주어진 조건에서 $f(n)<0$이고 $f'(n)=-1$을 만족하는 자연수 n의 값이 m으로 존재합니다.

이때 $\alpha<\beta$인 경우 $f(x)<0$이면 $f'(x)>0$임을 관찰하는 것이 바람직합니다.

따라서 $\beta<\alpha$인 경우를 확인하면 α와 β의 범위를 m에 대하여 나타낼 수 있습니다.

이때 $f'(m)$의 값을 곱의 미분법을 활용하여 m, α, β에 대하여 나타낼 수 있습니다.

미분가능한 두 함수 $f(x)$, $g(x)$에 대하여 함수의 곱의 미분법에 의하여 함수 $y=f(x)g(x)$의 도함수는 $\{f(x)g(x)\}'=f'(x)g(x)+f(x)g'(x)$이다.

한편 α와 β의 범위에서 $m-\alpha$와 $m-\beta$의 범위 또한 구할 수 있습니다.

$f'(m)=(m-\beta)^2+2(m-\alpha)(m-\beta)=-1$에서 $m-\alpha$와 $m-\beta$를 치환하여 α와 β의 값을 m에 대하여 구할 수 있습니다. 이때 $\beta>0$이므로 $m>1$임을 관찰할 수 있습니다.

공통부분이 있는 식의 경우에는 그 공통부분을 하나의 문자로 바꾸어 관찰하는 것이 편리하다. 공통부분을 하나의 문자로 바꾸는 행위를 치환이라 한다.

이때 주어진 조건을 만족하는 자연수 n의 값이 유일하게 존재합니다.

따라서 $m>2$인 경우 주어진 조건을 만족하지 않음을 확인하는 것이 바람직합니다.

즉 m의 값은 2이므로 α와 β의 값을 구할 수 있습니다.

제 2 교시

김지헌 수학 핏모의고사 1회 문제지

수학 영역

성명	

수험번호						—				

- 문제지의 해당란에 성명과 수험번호를 정확히 쓰시오.
- 답안지의 필적 확인란에 다음의 문구를 정자로 기재하시오.

오늘을 위해 꽤 많은 걸 준비해 봤어

- 답안지의 해당란에 성명과 수험 번호를 쓰고, 또 수험 번호와 답을 정확히 표시하시오.
- 단답형 답의 숫자에 '0'이 포함되면 그 '0'도 답란에 반드시 표시하시오.
- 문항에 따라 배점이 다르니, 각 물음의 끝에 표시된 배점을 참고하시오. 배점은 2점, 3점 또는 4점입니다.
- 계산은 문제지의 여백을 활용하시오.

※ 공통 과목 및 자신이 선택한 과목의 문제지를 확인하고, 답을 정확히 표시하시오.

※ 시험이 시작되기 전까지 표지를 넘기지 마시오.

제 2 교시

수학 영역

5지선다형

1. $\left(3^{\sqrt{5}} \times 9\right)^{\sqrt{5}-2}$의 값은? [2점]

① $\frac{1}{9}$ ② $\frac{1}{3}$ ③ 1 ④ 3 ⑤ 9

2. 함수 $f(x)=x^3-3x$에 대하여 $\lim_{x\to 2}\frac{f(x)+f(-2)}{x-2}$의 값은? [2점]

① 3 ② 6 ③ 9 ④ 12 ⑤ 15

3. 공비가 양수인 등비수열 $\{a_n\}$이

$$2a_3+a_4=8a_2,\ 2a_4+a_5=16$$

을 만족시킬 때, a_1의 값은? [3점]

① $\frac{1}{4}$ ② $\frac{1}{2}$ ③ 1 ④ 2 ⑤ 4

4. 다항함수 $f(x)$에 대하여 함수 $g(x)$를 $g(x)=\{f(x)\}^2$라 하자. $f'(2)=3,\ g'(2)=6$일 때 $f(2)$의 값은? [3점]

① 1 ② 2 ③ 3 ④ 4 ⑤ 5

5. 수열 $\{a_n\}$의 일반항이 $a_n = \sin\frac{\pi}{4}n + \cos\frac{\pi}{2}n$일 때, $\sum_{k=1}^{8} a_k$의 값은? [3점]

① -2 ② -1 ③ 0 ④ 1 ⑤ 2

6. 함수 $f(x) = 2x^3 - 3ax^2 + b$는 $x = b$에서 극솟값 $b-1$을 갖는다. $a+b$의 값은? (단, a, b는 상수이다.) [3점]

① 0 ② 1 ③ 2 ④ 3 ⑤ 4

7. 곡선 $y = x^3 - 5x^2 + 3x + 1$에 직선 $y = m(x-1)$이 접할 때 상수 m의 값은? [3점]

① -5 ② -4 ③ -3 ④ -2 ⑤ -1

8. 다항함수 $f(x)$가

$$f'(x)=3x^2-2,\ \int_{-3}^{3} f(x)dx=6$$

을 만족시킬 때 $f(2)$의 값은? [3점]

① 1 ② 2 ③ 3 ④ 4 ⑤ 5

9. $\overline{AB}=4$, $\overline{BC}=3$인 삼각형 ABC의 넓이가 최대가 될 때 삼각형 AMC의 외접원의 반지름의 길이의 값은? (단, M은 선분 AB의 중점이다.) [4점]

① $\frac{\sqrt{13}}{6}$ ② $\frac{\sqrt{13}}{3}$ ③ $\frac{\sqrt{13}}{2}$ ④ $\frac{2\sqrt{13}}{3}$ ⑤ $\frac{5\sqrt{13}}{6}$

10. 어떤 양수 a에 대하여 시각 $t=0$일 때 점 A를 출발하여 수직선 위를 움직이는 점 P의 시각 t ($t \geq 0$)에서의 속도 $v(t)$가

$$v(t)=|t-a-2|-a$$

이다. 출발 후 점 P의 운동 방향이 두 번째로 바뀌는 시각에서 $\overline{AP}=\frac{4}{a}$일 때 a의 값은? [4점]

① 1 ② 2 ③ 3 ④ 4 ⑤ 5

11. $a_1=4$인 수열 $\{a_n\}$이 모든 자연수 n에 대하여

$$a_n \le 4,\ \ |a_{n+1}-a_n|=1$$

을 만족한다. $\sum_{k=1}^{14}|a_k|$의 최댓값은? [4점]

① 49 ② 51 ③ 53 ④ 55 ⑤ 57

12. 최고차항의 계수가 1인 사차함수 $f(x)$가 다음 조건을 만족할 때 함수 $y=f(x)$의 그래프와 직선 $y=x$으로 둘러싸인 영역의 넓이의 값은? [4점]

(가) $f\circ f(x)\neq x$이거나 $f\circ f\circ f(x)\neq x$인 모든 x에 대하여 $f(x)>x$이다.
(나) $f\circ f(0)=0,\ f\circ f(1)=1$

① $\frac{1}{60}$ ② $\frac{1}{30}$ ③ $\frac{1}{20}$ ④ $\frac{1}{15}$ ⑤ $\frac{1}{12}$

13. 모든 자연수 n에 대하여 수열 $\{a_n\}$이 다음 조건을 만족할 때 $\sum_{n=1}^{511} a_n$의 값은? [4점]

> 직선 $y=\left(1+\frac{1}{n}\right)(x+a_n)$과 곡선 $y=2^x$은 오직 두 점에서만 만나며 이때 한 점의 y좌표는 다른 한 점의 y좌표의 두 배이다.

① 502 ② 505 ③ 508 ④ 511 ⑤ 514

14. 어떤 실수 k에 대해 함수 $f(x)=(x-k)(x^2-kx-1)$이다. 방정식 $f(x)=-x+2$가 서로 다른 두 양의 실근만을 가질 때 $f(6)$의 값을 구하시오. [4점]

① 105 ② 108 ③ 111 ④ 114 ⑤ 117

15. 두 등차수열 $\{a_n\}$, $\{b_n\}$은 다음 조건을 만족한다.

(가) $a_1 - b_5 = 0$

(나) 두 자연수 p, q에 대하여 $a_p - b_q = 0$를 만족하는 순서쌍 $(p,\ q)$의 개수는 5이다.

어떤 양의 짝수 m에 대하여 $\sum_{k=1}^{m} a_k = \sum_{k=1}^{m} b_k$일 때, m의 값은? [4점]

① 8　② 10　③ 12　④ 14　⑤ 16

단답형

16. 방정식 $4^{x+3} = \left(\frac{1}{8}\right)^{-x}$을 만족시키는 실수 x의 값을 구하시오. [3점]

17. 함수 $f(x)$에 대하여 $f'(x) = 4(x-1)^3$이고 $f(2) = 1$일 때, $f(3)$의 값을 구하시오. [3점]

18. 수열 $\{a_n\}$에 대하여

$$\sum_{k=1}^{10}(a_k-1)^2=\sum_{k=1}^{9}\{(a_k)^2-1\},\ \sum_{k=1}^{9}a_k=9$$

일 때, a_{10}의 값을 구하시오. [3점]

19. $\cos\frac{4\pi}{5}\tan\frac{6\pi}{5}>\cos\frac{n\pi}{10}$을 만족하는 두 자리의 자연수 n의 개수를 구하시오. [3점]

20. 이차함수 $f(x)$와 함수 $g(x)=f(x)+|f(x)|$가 다음 조건을 만족한다.

(가) 실수 전체의 집합에서 $|f(x)g(x)|+|\{1-f(x)\}g(x)|=g(x)$이다.
(나) $g(1)=2$

$\lim_{h\to 2+}\frac{g(h)-f(h)}{h-2}=t$일 때 t의 값을 구하시오. [4점]

21. x에 대한 방정식 $(4^x - k2^x + 3k - 8)(2^{x+1} - k) = 0$이 서로 다른 두 실근만을 가진다. $3k$의 값이 자연수일 때 가능한 모든 실수 k의 합을 구하시오. [4점]

22. 서로 다른 세 자연수 근을 갖는 최고차항의 계수가 1인 삼차함수 $f(x)$와 임의의 실수 t에 대하여 닫힌구간 $[t,\ t+1]$에서 $f(x)$의 최댓값을 $g(t)$라 하자. t에 대한 함수 $g(t)$는 다음 조건을 만족한다.

함수 $g(t)$가 $t = n$에서 극소가 되도록 하는 자연수 n은 오직 3, 6뿐이며 이때 $g(6) \neq 0$이다.

$f(13)$의 값을 구하시오. [4점]

* 확인 사항 ○ 답안지의 해당란에 필요한 내용을 정확히 기입(표기)했는지 확인하시오. ○ 이어서, 「**선택과목(확률과 통계)**」 문제가 제시되오니, 자신이 선택한 과목인지 확인하시오.

제 2 교시

수학 영역(확률과 통계)

5지선다형

23. 다항식 $(x^2+2)^6$의 전개식에서 x^8의 계수는? [2점]

① 30　② 40　③ 50　④ 60　⑤ 70

24. 두 사건 A, B는 서로 배반사건이고

$$\mathrm{P}(A^C)=\frac{2}{3},\ \mathrm{P}(A^C\cap B^C)=\frac{1}{2}$$

일 때, $\mathrm{P}(B)$의 값은? [3점]

① $\frac{1}{6}$　② $\frac{1}{3}$　③ $\frac{1}{2}$　④ $\frac{2}{3}$　⑤ $\frac{5}{6}$

25. 확률변수 X가 이항분포 $\mathrm{B}(n,\ p)$을 따르고 $\mathrm{E}(7X+1)=6$, $\mathrm{V}(7X+1)=30$일 때 n의 값은? [3점]

① 5 ② 6 ③ 7 ④ 8 ⑤ 9

26. 숫자 2, 3, 4, 5, 6 중 서로 다른 3개를 택해 곱하여 만들 수 있는 모든 자연수 중 하나를 선택할 때, 4의 배수가 선택될 확률은? [3점]

① $\frac{11}{18}$ ② $\frac{2}{3}$ ③ $\frac{13}{18}$ ④ $\frac{7}{9}$ ⑤ $\frac{5}{6}$

27. 표준편차가 5인 정규분포를 따르는 모집단에서 크기가 n인 표본을 임의추출하여 얻은 표본평균을 이용하여 구하는 모평균 m에 대한 신뢰도 95%의 신뢰구간이 $a \le m \le b$이다. $b-a$의 값이 1 이하가 되기 위한 자연수 n의 최솟값은?
(단, Z가 표준정규분포를 따르는 확률변수일 때, $\mathrm{P}(|Z| \le 1.96) = 0.95$로 계산한다.) [3점]

① 375 ② 380 ③ 385 ④ 390 ⑤ 395

28. 문자 a, b, c 중에서 중복을 허락하여 문자 a와 문자 b를 적어도 한 개씩 포함하여 5개를 택해 일렬로 나열하여 만들 수 있는 문자열 중에서 임의로 하나를 선택할 때, $cacab$, $aabbb$와 같이 모든 문자 a가 모든 문자 b의 앞에 나열되는 문자열이 선택될 확률은? [4점]

① $\frac{4}{15}$ ② $\frac{49}{180}$ ③ $\frac{5}{18}$ ④ $\frac{51}{180}$ ⑤ $\frac{13}{45}$

단답형

29. 집합 $X=\{1,\ 2,\ 3,\ 4,\ 5,\ 6\}$에 대하여 다음 조건을 만족시키는 함수 $f : X \to X$의 개수를 구하시오. [4점]

> (가) 5 이하의 자연수 x에 대하여 $f(x+1) \geq f(x)$이다.
>
> (나) 함수 $f(x)$의 치역의 원소의 개수는 4이다.
>
> (다) $f(6) > 4$

30. 네 자연수 $a,\ b,\ c,\ d$가 다음 조건을 만족할 때 $a+b+c+d$의 최솟값을 구하시오. [4점]

> (가) $a < b < c$
>
> (나) 연속확률변수 X의 확률밀도함수가
> $f(x) = \frac{1}{2}|x-a| + \frac{1}{2}|x-b| - d \ (0 \leq x \leq c)$이다.

＊ 확인 사항

○ 답안지의 해당란에 필요한 내용을 정확히 기입(표기)했는지 확인하시오.

○ 이어서, 「**선택과목(미적분)**」 문제가 제시되오니, 자신이 선택한 과목인지 확인하시오.

제 2 교시 수학 영역(미적분)

5지선다형

23. $\lim_{x \to 0} \frac{\ln(1+x)}{\ln(1+7x)}$의 값은? [2점]

① $\frac{1}{7}$ ② $\frac{\sqrt{7}}{7}$ ③ 1 ④ $\sqrt{7}$ ⑤ 7

24. 매개변수 t로 나타내어진 곡선

$$x = e^t + 1, \ y = t^3$$

에서 $t = 1$일 때, $\frac{d^2y}{dx^2}$의 값은? [3점]

① $\frac{3}{e^2}$ ② $\frac{4}{e^2}$ ③ $\frac{5}{e^2}$ ④ $\frac{6}{e^2}$ ⑤ $\frac{7}{e^2}$

25. 첫째항이 1인 등비수열 $\{a_n\}$에 대하여 급수 $\sum_{n=1}^{\infty} a_n$은 수렴한다. $\sum_{n=1}^{\infty} a_{3n-1}$이 최소일 때 $\dfrac{\sum_{n=1}^{\infty} a_{3n-1}}{a_2}$의 값은? [3점]

① $\frac{1}{2}$ ② $\frac{2}{3}$ ③ $\frac{5}{6}$ ④ 1 ⑤ $\frac{7}{6}$

26. 그림과 같이 곡선 $y=\sqrt{(\sec x+2\tan x)\sec x}$ $\left(0 \leq x \leq \frac{\pi}{3}\right)$와 x축, y축 및 직선 $x=\frac{\pi}{3}$로 둘러싸인 부분을 밑면으로 하는 입체도형이 있다. 이 입체도형을 x축에 수직인 평면으로 자른 단면이 모두 정사각형일 때, 이 입체도형의 부피는? [3점]

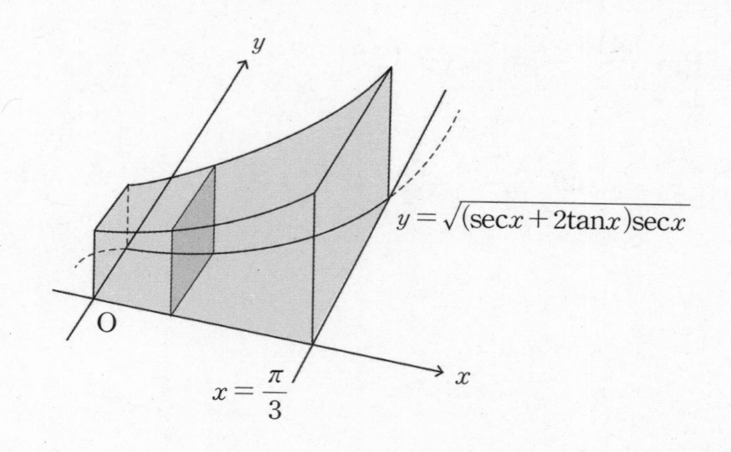

① $\sqrt{3}-2$ ② $\sqrt{3}-1$ ③ $\sqrt{3}$
④ $\sqrt{3}+1$ ⑤ $\sqrt{3}+2$

27. 실수 전체의 집합에서 미분가능한 함수 $f(x)$가 모든 실수 x에 대하여 $\ln f(x)+c\int_0^x f(t)e^t dt=0$이고 $f(-x)=f(x)e^x$이다. $f(-1)$의 값은? (단, c는 0이 아닌 상수이다.) [3점]

① $\frac{e}{2(e+1)}$ ② $\frac{e}{e+1}$ ③ $\frac{3e}{2(e+1)}$
④ $\frac{2e}{e+1}$ ⑤ $\frac{5e}{2(e+1)}$

28. 양의 실수 전체의 집합에서 정의된 함수

$$f(x)=\begin{cases}\sqrt{\frac{1-x}{x}} & (0<x\le 1)\\ f(x-1) & (x>1)\end{cases}$$

에 대하여 함수 $y=f(x)$의 그래프와 $y=e^x$의 그래프가 만나는 모든 점의 x좌표를 작은 수부터 크기 순으로 나열할 때 n번째 수를 a_n이라 하자. $\lim_{n\to\infty}\alpha n+\ln(a_n-n+1)=\beta$일 때 $\alpha+\beta$의 값은? (단, α, β는 상수이다.) [4점]

① 2 ② $\frac{5}{2}$ ③ 3 ④ $\frac{7}{2}$ ⑤ 4

단답형

29. 두 자연수 a, b에 대해 함수 $f(x)=(x-a)e^{-\frac{1}{4}(x-b)^2}$가 다음 조건을 만족할 때 a의 값을 구하시오. [4점]

> (가) 함수 $f(x)$는 서로 다른 두 자연수에서 극값을 가지며 이때 두 극값의 합은 음수이다.
> (나) $f'(5)$와 $f'(6)$의 값은 양수이다.

30. 최솟값이 -1보다 크며 최고차항의 계수가 1인 이차함수 $f(x)$의 그래프는 원점을 지난다. 실수 전체의 집합에서 미분가능한 두 함수 $g(x)$, $h(x)$가 모든 실수 x에 대하여 다음 조건을 만족할 때 $g(2)e^{h(2)}$의 값을 구하시오. [4점]

> (가) $f(x)-h(x)=\int_0^x f'(t)g(t)dt$
> (나) $g(x)+h(x)=\int_0^x \{f(t)+2\}g'(t)dt$
> (다) $f'(0)h(x)\geq g(x)$

* 확인 사항
○ 답안지의 해당란에 필요한 내용을 정확히 기입(표기)했는지 확인하시오.

※ 시험이 시작되기 전까지 표지를 넘기지 마시오.

제 2 교시

김지헌 수학 핏모의고사 2회 문제지

수학 영역

성명	

수험번호					—				

- ○ 문제지의 해당란에 성명과 수험번호를 정확히 쓰시오.
- ○ 답안지의 필적 확인란에 다음의 문구를 정자로 기재하시오.

아름다운 청춘의 한 장 함께 써내려 가자

- ○ 답안지의 해당란에 성명과 수험 번호를 쓰고, 또 수험 번호와 답을 정확히 표시하시오.
- ○ 단답형 답의 숫자에 '0'이 포함되면 그 '0'도 답란에 반드시 표시하시오.
- ○ 문항에 따라 배점이 다르니, 각 물음의 끝에 표시된 배점을 참고하시오. 배점은 2점, 3점 또는 4점입니다.
- ○ 계산은 문제지의 여백을 활용하시오.

※ 공통 과목 및 자신이 선택한 과목의 문제지를 확인하고, 답을 정확히 표시하시오.

※ 시험이 시작되기 전까지 표지를 넘기지 마시오.

제 2 교시

수학 영역

5지선다형

1. $\left(\dfrac{2}{2^{\frac{\sqrt{2}}{2}}}\right)^{2+\sqrt{2}}$ 의 값은? [2점]

① $\dfrac{1}{2}$ ② $\dfrac{\sqrt{2}}{2}$ ③ 1 ④ $\sqrt{2}$ ⑤ 2

2. 함수 $f(x)=x^3-7x^2+x-7$에 대하여 $\lim\limits_{x\to 7}\dfrac{f(x)}{x-7}$의 값은? [2점]

① 10 ② 20 ③ 30 ④ 40 ⑤ 50

3. $2\pi<\theta<\dfrac{5}{2}\pi$인 θ에 대하여 $\sin\theta\cos\theta=\dfrac{1}{2}$일 때 $\sin\theta+\cos\theta$의 값은? [3점]

① $-\sqrt{2}$ ② $-\dfrac{\sqrt{2}}{2}$ ③ 0 ④ $\dfrac{\sqrt{2}}{2}$ ⑤ $\sqrt{2}$

4. 다항함수 $f(x)$에 대하여 함수 $g(x)$를 $g(x)=xf(x)$라 하자. $g(2)=4$, $g'(2)=6$일 때 $f'(2)$의 값은? [3점]

① $\dfrac{1}{2}$ ② 1 ③ $\dfrac{3}{2}$ ④ 2 ⑤ $\dfrac{5}{2}$

5. 다항함수 $f(x)$가

$$f'(x)=(x-1)(x^2+x+1),\ f(2)=8$$

를 만족시킬 때, $f(0)$의 값은? [3점]

① 6 ② 8 ③ 10 ④ 12 ⑤ 14

6. 등비수열 $\{a_n\}$과 모든 자연수 n에 대하여

$$b_n=1+\sum_{k=1}^{n}a_k$$

를 만족하는 수열 $\{b_n\}$은 첫째항이 3이며 공비가 1이 아닌 등비수열이다. a_2의 값은? [3점]

① 4 ② 5 ③ 6 ④ 7 ⑤ 8

7. 최고차항의 계수가 1인 삼차함수 $f(x)$에 대하여 $f(1)=f(2)=f(4)$일 때 $f'(1)+f'(2)+f'(4)$의 값은? [3점]

① 4 ② 5 ③ 6 ④ 7 ⑤ 8

8. 다항함수 $f(x)$가

$$f'(x)=4(x-1)^3+2(x-1),\ \int_0^2 f(x)dx=8$$

을 만족시킬 때 $\int_0^1 f(x)dx$의 값은? [3점]

① 1 ② 2 ③ 3 ④ 4 ⑤ 5

9. 모든 실수 t에 대하여 $f(t)$는 $\frac{2^t}{4}$과 $\frac{3^t}{9}$ 중 작지 않은 값이다. 양수 a가

$$(a+1)\log_2 f\left(a+1+\frac{1}{a+1}\right)=f(0)$$

을 만족할 때 $f(2+a^2)$의 값은? [4점]

① $2^{\frac{1}{4}}$ ② $3^{\frac{1}{4}}$ ③ $\sqrt{2}$ ④ $5^{\frac{1}{4}}$ ⑤ $6^{\frac{1}{4}}$

10. 시각 $t=0$일 때 원점을 출발하여 수직선 위를 움직이는 점 P의 시각 $t\ (t\geq 0)$에서의 가속도 $a(t)$가

$$a(t)=3(t-3)^2-6$$

이다. 점 P가 출발 후 운동 방향을 바꾸지 않을 때 시각 $t=3$에서 점 P의 위치의 최솟값은? [4점]

① 27 ② $\frac{135}{4}$ ③ $\frac{81}{2}$ ④ $\frac{189}{4}$ ⑤ 54

11. $a_1=0,\ a_2=-1$인 수열 $\{a_n\}$이 모든 자연수 n에 대하여

$$a_n+a_{n+4}=2a_{n+2},\ \ a_{n+1}-a_n\le 2$$

을 만족한다. $\sum_{k=1}^{12}a_k$의 최댓값은? [4점]

① 24 ② 25 ③ 26 ④ 27 ⑤ 28

12. 최고차항의 계수가 1인 삼차함수 $f(x)$와 실수 전체의 집합에서 미분가능한 함수 $g(x)$가 다음 조건을 만족할 때 두 곡선 $y=f(x)$와 $y=g(x)$으로 둘러싸인 영역의 넓이의 값은? [4점]

(가) 실수 전체의 집합에서
$\{f(x)-2\}\{f(x)+4\}=\{g(x)-2\}\{g(x)+4\}$이다.

(나) 함수 $f(x)-g(x)$는 $x=3$에서 최댓값 8을 가진다.

① $\frac{21}{2}$ ② $\frac{23}{2}$ ③ $\frac{25}{2}$ ④ $\frac{27}{2}$ ⑤ $\frac{29}{2}$

13. $\angle A=\alpha$, $\angle B=\beta$, $\overline{AB}=5$인 $\triangle ABC$가 다음 조건을 만족할 때 $\overline{AC}$의 값은? [4점]

> (가) $\alpha+\beta=\frac{\pi}{4}$
>
> (나) $\frac{\sin 2\beta}{\sin 2\alpha}=\frac{4}{3}$

① 2 ② $\sqrt{6}$ ③ $2\sqrt{2}$ ④ $\sqrt{10}$ ⑤ $2\sqrt{3}$

14. 최고차항의 계수가 1인 사차함수 $f(x)$가 다음 조건을 만족할 때 $f'(0)$의 값은? [4점]

> (가) $f(-1)$은 음수이고 $f(1)$은 자연수이다.
>
> (나) 명제
> '$f(x)=0$이면 $f(x^2)=0$이다.'
> 가 거짓임을 보이는 x의 값은 2뿐이다.

① -4 ② -2 ③ 0 ④ 2 ⑤ 4

15. 모든 자연수 n에 대하여 $a_n \le a_{n+1}$인 수열 $\{a_n\}$의 초항부터 제 n항까지의 합을 S_n이라 하자. 수열 $\{S_n\}$은 다음 조건을 만족한다.

(가) 모든 자연수 n에 대하여 $S_{2n} = nS_{n+1} - (n-1)S_n$이다.
(나) $|S_{32}| = |S_{64}|$

$a_3 > 0$일 때, $\left|\frac{a_1}{a_3}\right|$의 최솟값은? [4점]

① 20 ② 21 ③ 22 ④ 23 ⑤ 24

단답형

16. 방정식 $\log_2\left(\frac{8}{7} - \frac{1}{7}\right) = 2\log_2(x-2)$를 만족시키는 실수 x의 값을 구하시오. [3점]

17. 함수 $f(x)$와 모든 실수 x에 대하여 $\int_0^x f(t)dt = x^4 - x^3$일 때, $f(2)$의 값을 구하시오. [3점]

18. 두 수열 $\{a_n\}$, $\{b_n\}$에 대하여

$$\sum_{k=1}^{7} 3a_k = \sum_{k=1}^{7} (a_k + b_k),\ \sum_{k=1}^{7} b_k = \sum_{k=1}^{7} (8-k)$$

일 때, $\sum_{k=1}^{7} a_k$의 값을 구하시오. [3점]

19. 기울기가 2인 일차함수 $f(x)$의 한 부정적분을 $F(x)$라 하자. 함수 $\{F(x)\}^2 + 2F(x)$가 $x=1$에서 최솟값 3을 가질 때 $F(2)$의 값을 구하시오. [3점]

20. 다항함수 $f(x)$가 실수 전체의 집합에서 다음 조건을 만족한다.

$f(x) = f'(x)\{f'(1)(x-1) + f(1)\}$

$f(0) + f(1) = 1$일 때 $f(2)$의 값을 구하시오. [4점]

21. 0이 아닌 세 실수 x, y, z가 $\begin{cases} 2^x = 3^y = z \\ (x-3)(y-1)=3 \end{cases}$ 을 만족할 때 z의 값을 구하시오. [4점]

22. 실수 전체의 집합에서 미분가능한 함수 $f(x)$는 다음 조건을 만족한다.

> (가) 임의의 실수 x에 대하여 $f(x+1)=f(x)-3x^2$이다.
>
> (나) $f(0)$은 정수이며, 임의의 정수 k에 대하여 닫힌구간 $[k-1,\ k]$에서 함수 $f(x)$의 그래프는 $k \neq f(0)$일 때 각각 이차함수의 그래프의 일부이며 $k=f(0)$일 때 직선의 일부이다.

$\int_0^2 f(x)dx$의 값을 구하시오. [4점]

> * 확인 사항
>
> ○ 답안지의 해당란에 필요한 내용을 정확히 기입(표기)했는지 확인하시오.
>
> ○ 이어서, 「**선택과목(확률과 통계)**」 문제가 제시되오니, 자신이 선택한 과목인지 확인하시오.

제 2 교시 수학 영역(확률과 통계)

5지선다형

23. 다항식 $(x-3)^5$의 전개식에서 x^3의 계수는? [2점]

① -90 ② -30 ③ 30 ④ 90 ⑤ 150

24. 두 사건 A, B는 서로 독립이고

$$\mathrm{P}(A^C)=\frac{2}{3},\ \mathrm{P}(A^C\cap B^C)=\frac{1}{2}$$

일 때, $\mathrm{P}(B)$의 값은? [3점]

① $\frac{1}{2}$ ② $\frac{1}{3}$ ③ $\frac{1}{4}$ ④ $\frac{1}{5}$ ⑤ $\frac{1}{6}$

25. 확률변수 X가 이항분포 $\mathrm{B}\left(n,\ \frac{1}{7}\right)$을 따를 때 X의 표준편차의 값이 자연수가 되도록 하는 300 이하의 자연수 n의 값은? [3점]

① 290　② 292　③ 294　④ 296　⑤ 298

26. 숫자 2, 3, 5, 7 중에서 중복을 허락하여 4개를 택해 일렬로 나열하여 만들 수 있는 모든 네 자리의 자연수 중 하나를 선택할 때, 4의 배수가 아닌 수가 선택될 확률은? [3점]

① $\frac{11}{16}$　② $\frac{3}{4}$　③ $\frac{13}{16}$　④ $\frac{7}{8}$　⑤ $\frac{15}{16}$

수학 영역(확률과 통계)

27. 정규분포 $N(m, \sigma^2)$을 따르는 모집단에서 크기가 100인 표본을 임의추출하여 얻은 표본평균을 이용하여 구하는 모평균 m에 대한 신뢰도 95%의 신뢰구간이 $a \le m \le b$이다.
이후 크기가 400인 표본을 임의추출하여 얻은 표본평균은 9이며 이때의 표본평균을 이용하여 구하는 모평균 m에 대한 신뢰도 99%의 신뢰구간이 $c \le m \le d$이다.
$b-c=4.25$, $b-d=1.67$일 때 a의 값은?
(단, Z가 표준정규분포를 따르는 확률변수일 때, $P(|Z| \le 1.96)=0.95$, $P(|Z| \le 2.58)=0.99$로 계산한다.) [3점]

① 4.04 ② 5.04 ③ 6.04 ④ 7.04 ⑤ 8.04

28. 흰 공과 검은 공이 각각 10개 들어 있는 바구니와 비어 있는 주머니가 있다. 한 개의 동전을 사용하여 다음 시행을 한다.

> 동전을 한번 던져
> 앞면이 나온 경우
> 바구니에 있는 흰 공 2개를 주머니에 넣고
> 뒷면이 나온 경우
> 바구니에 있는 흰 공 1개와 검은 공 1개를 주머니에 넣는다.

주머니에 들어 있는 흰 공의 개수가 바구니에 들어 있는 흰 공의 개수보다 클 때까지 위의 시행을 반복할 때, 마지막 시행 후 주머니에 들어 있는 검은 공의 개수가 4 이하일 확률은? [4점]

① $\frac{27}{32}$ ② $\frac{7}{8}$ ③ $\frac{29}{32}$ ④ $\frac{15}{16}$ ⑤ $\frac{31}{32}$

단답형

29. 연속확률변수 X의 확률밀도함수가

$$f(x)=ax+b\ (0 \le x \le 2)$$

이고 연속확률변수 Y의 확률밀도함수가

$$g(x)=cx+d\ (0 \le x \le 2)$$

이다.

$$\mathrm{P}(X=2a)=\mathrm{P}(Y=2a)=2d$$

일 때, $f\left(\frac{3}{4}\right)+g\left(\frac{3}{2}\right)$의 값을 구하시오. (단, a, b, c, d는 상수이며 $a \neq c$이다.) [4점]

30. 집합 $X=\{0, 1, 2, 3, 4, 5\}$에 대하여 다음 조건을 만족시키는 함수 $f : X \to X$의 개수를 구하시오. [4점]

(가) $f(0)=f(5)=0$이며 5 이하의 자연수 x에 대하여 $f(x-1) \neq f(x)$이다.

(나) $f(x-1)<f(x)$이고 $f(x+1)<f(x)$를 만족하는 4 이하의 자연수 x가 유일하게 존재한다.

* 확인 사항

○ 답안지의 해당란에 필요한 내용을 정확히 기입(표기)했는지 확인하시오.

○ 이어서, 「**선택과목(미적분)**」 문제가 제시되오니, 자신이 선택한 과목인지 확인하시오.

제 2 교시

수학 영역(미적분)

5지선다형

23. $\lim_{x \to 0} \frac{e^{7x}-1}{e^{3x}-1}$의 값은? [2점]

① $\frac{3}{7}$ ② $\frac{2}{3}$ ③ 1 ④ $\frac{3}{2}$ ⑤ $\frac{7}{3}$

24. 실수 전체의 집합에서 미분가능한 함수 $f(x)$가 모든 양수 x에 대하여 $f(\ln x)=x^4+x$을 만족시킬 때, $f'(1)$의 값은? [3점]

① $4e^4+1$ ② $4e^4+e$ ③ $4e^4+e^2$
④ $4e^4+e^3$ ⑤ $5e^4$

25. 1보다 큰 양수 m에 대하여 두 직선 $y=mx$와 $y=x$가 이루는 각의 크기를 $f(m)$이라 하자. $f'(2)\sec^2 f(2)$의 값은? [3점]

① $\frac{2}{25}$ ② $\frac{1}{8}$ ③ $\frac{2}{9}$ ④ $\frac{1}{2}$ ⑤ 2

26. 그림과 같이 곡선 $y=1+\sec x\ \left(0\le x\le\frac{\pi}{3}\right)$와 x축, y축 및 직선 $x=\frac{\pi}{3}$로 둘러싸인 부분을 밑면으로 하는 입체도형이 있다. 이 입체도형을 x축에 수직인 평면으로 자른 단면이 모두 정사각형일 때, 이 입체도형의 부피는? [3점]

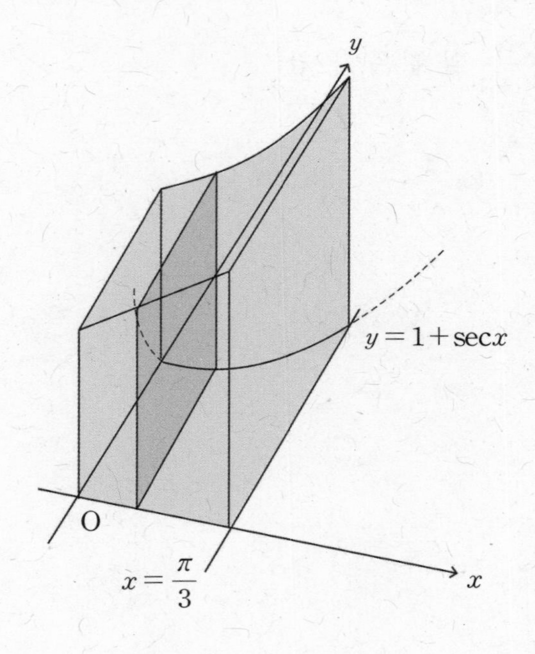

① $\frac{\pi}{3}+\sqrt{3}+\ln(4+2\sqrt{3})$ ② $\frac{\pi}{3}+\sqrt{3}+\ln(7+4\sqrt{3})$

③ $\frac{\pi}{3}+\sqrt{3}+\ln(12+6\sqrt{3})$ ④ $\frac{\pi}{3}+\sqrt{3}+\ln(19+8\sqrt{3})$

⑤ $\frac{\pi}{3}+\sqrt{3}+\ln(28+10\sqrt{3})$

27. $x=0$에서 $x=t$ $(t>0)$까지 곡선 $y=\frac{1}{3}(x^2+2)^{\frac{3}{2}}$의 길이를 $f(t)$라 하자. $f'(1)$의 값은? [3점]

① 1 ② 2 ③ 3 ④ 4 ⑤ 5

28. 실수 전체의 집합에서 미분가능한 함수 $f(x)$는 다음 조건을 만족한다.

(가) 함수 $f(x)f'(x)$는 최고차항의 계수가 2인 삼차함수이다.

(나) 방정식 $f(x)=\sqrt{6x}$의 서로 다른 네 실근을 크기순으로 나열한 것은 등차수열을 이룬다.

$f(0)=0$일 때, $f'(-1)+f'(7)$의 값은? [4점]

① $\frac{1}{3}\sqrt{2}$ ② $4\sqrt{2}$ ③ $\frac{23}{3}\sqrt{2}$ ④ $\frac{34}{3}\sqrt{2}$ ⑤ $15\sqrt{2}$

단답형

29. 모든 자연수 n에 대하여 두 점 $\left(\frac{1}{3}, \frac{1}{3^n}\right)$, $\left(\frac{1}{2}, \frac{1}{2^n}\right)$을 지나는 직선은 두 점 $\left(\frac{1}{3^{2n}}+\frac{1}{2^{2n}}, a_n\right)$, $\left(-\frac{1}{6^n}, b_n\right)$을 지난다.
$\sum_{n=1}^{\infty} a_n - \sum_{n=1}^{\infty} b_n = \frac{q}{p}$일 때, $p+q$의 값을 구하시오.
(단, p와 q는 서로소인 자연수이다.) [4점]

30. 실수 전체의 집합에서 미분가능한 함수 $f(x)$와 최고차항의 계수가 1인 이차함수 $g(x)$가 다음 조건을 만족할 때, $\frac{f'(5)}{f'(1)}$의 값을 구하시오. (단, $\lim_{x \to -\infty} f(x)=0$) [4점]

(가) $x \neq 2$에서 $f(x)=\frac{f'(x)g(x)-f(x)g'(x)}{g(x)}$이다.

(나) 음이 아닌 모든 실수 p에 대하여 x에 대한 방정식 $f(x)=p$는 오직 한 실근만을 갖는다.

(다) 방정식 $|f(x)|=4$은 서로 다른 두 실근만을 가지며 이때 두 실근의 합은 4이다.

* 확인 사항

○ 답안지의 해당란에 필요한 내용을 정확히 기입(표기)했는지 확인하시오.

※ 시험이 시작되기 전까지 표지를 넘기지 마시오.

제 2 교시

김지헌 수학 핏모의고사 3회 문제지

수학 영역

성명		수험번호					—				

- ○ 문제지의 해당란에 성명과 수험번호를 정확히 쓰시오.
- ○ 답안지의 필적 확인란에 다음의 문구를 정자로 기재하시오.

오늘을 위해 그저 견뎌줘서 고마워

- ○ 답안지의 해당란에 성명과 수험 번호를 쓰고, 또 수험 번호와 답을 정확히 표시하시오.
- ○ 단답형 답의 숫자에 '0'이 포함되면 그 '0'도 답란에 반드시 표시하시오.
- ○ 문항에 따라 배점이 다르니, 각 물음의 끝에 표시된 배점을 참고하시오. 배점은 2점, 3점 또는 4점입니다.
- ○ 계산은 문제지의 여백을 활용하시오.

※ 공통 과목 및 자신이 선택한 과목의 문제지를 확인하고, 답을 정확히 표시하시오.

※ 시험이 시작되기 전까지 표지를 넘기지 마시오.

제 2 교시

수학 영역

5지선다형

1. $\sqrt[3]{12}\times 96^{\frac{2}{3}}$의 값은? [2점]

① 24 ② 36 ③ 48 ④ 60 ⑤ 72

2. 함수 $f(x)=x^3-2x^2+4x-8$에 대하여 $\lim_{x\to 2}\frac{f(x)-f(2)}{x-2}$의 값은? [2점]

① 2 ② 4 ③ 6 ④ 8 ⑤ 10

3. 등차수열 $\{a_n\}$에 대하여

$$a_2+a_4=-2a_5,\ a_6=4$$

일 때 a_8의 값은? [3점]

① 2 ② 4 ③ 6 ④ 8 ⑤ 10

4. 함수

$$f(x)=\begin{cases} x^2+4 & (x\le 4) \\ ax & (x>4) \end{cases}$$

가 실수 전체의 집합에서 연속일 때, 상수 a의 값은? [3점]

① 4 ② 5 ③ 6 ④ 7 ⑤ 8

5. 함수 $f(x)=|x^2-k|$가 $x=2$에서 극소일 때 상수 k의 값은? [3점]

① 1 ② 2 ③ 3 ④ 4 ⑤ 5

6. 함수 $f(x)=2x^3-6kx^2+24x+8$이 극값을 가지지 않을 때 k의 최솟값은? [3점]

① -2 ② -1 ③ 0 ④ 1 ⑤ 2

7. $\frac{\pi}{6} \le \theta \le \frac{5}{6}\pi$에서 $8\sin\theta-4\cos^2\theta$의 최솟값을 α, 최댓값을 β라 하자. $\beta-\alpha$의 값은? [3점]

① 3 ② 4 ③ 5 ④ 6 ⑤ 7

8. 삼차함수 $f(x)=ax^3+bx$가

$$\int_{-2}^{0} f(x)+f'(x)dx=4,\ \int_{0}^{2} f(x)+f'(x)dx=6$$

을 만족시킬 때 $f(2)$의 값은? (단, a와 b는 상수이다.) [3점]

① 1 ② 2 ③ 3 ④ 4 ⑤ 5

9. x에 대한 이차방정식 $x^2-2^a x+3^b=0$의 한 실근이 다른 실근의 두 배일 때 $\frac{b+2}{2a+1}$의 값은? [4점]

① $(\log_3 2)^2$ ② $\log_3 2$ ③ 1
④ $\log_2 3$ ⑤ $(\log_2 3)^2$

10. 시각 $t=0$일 때 동시에 같은 속도로 원점을 출발하여 수직선 위를 움직이는 두 점 P, Q가 있다. 출발 후 두 점 P, Q가 오직 한 번 만나며 두 점 P, Q가 만날 때 점 P의 운동 방향이 변한다. 시각 t $(t \geq 0)$에서의 점 P의 가속도 $a_1(t)$가 $a_1(t)=-2$이고 점 Q의 가속도 $a_2(t)$가 $a_2(t)=12t^2-12t$일 때 시각 $t=3$에서 점 Q의 위치는? [4점]

① 30 ② 31 ③ 32 ④ 33 ⑤ 34

11. 등차수열 $\{a_n\}$은 5 이하의 자연수 n에 대하여

$$|a_{6-n}|+|a_{5+n}|=2n-a_5$$

을 만족한다. $|a_{11}|$의 값은? [4점]

① 4 ② 5 ③ 6 ④ 7 ⑤ 8

12. 삼차함수 $f(x)$와 함수

$$g(x)=\begin{cases} x^4 \ (x \ge 0) \\ 0 \ \ (x < 0) \end{cases}$$

에 대하여 $f(x) \le g(x)$를 만족하는 x는 1보다 작지 않은 임의의 실수 또는 0뿐이다. 두 곡선 $y=f(x)$와 $y=g(x)$으로 둘러싸인 영역의 넓이가 직선 $y=x$에 의하여 이등분 될 때 $f(-1)$의 값은? [4점]

① 12 ② $\frac{61}{5}$ ③ $\frac{62}{5}$ ④ $\frac{63}{5}$ ⑤ $\frac{64}{5}$

13. 그림과 같이 $\angle A = \frac{\pi}{3}$ 인 삼각형 ABC가 있다. $\overline{AB} = \overline{AD}$를 만족하는 선분 BC 위의 점 D와 $\overline{AB} = \overline{AE}$를 만족하는 선분 AC 위의 E에 대해 $\overline{DE} = 4$, $\overline{EC} = 2\sqrt{2}$일 때 $\overline{AB}$의 길이의 값은? [4점]

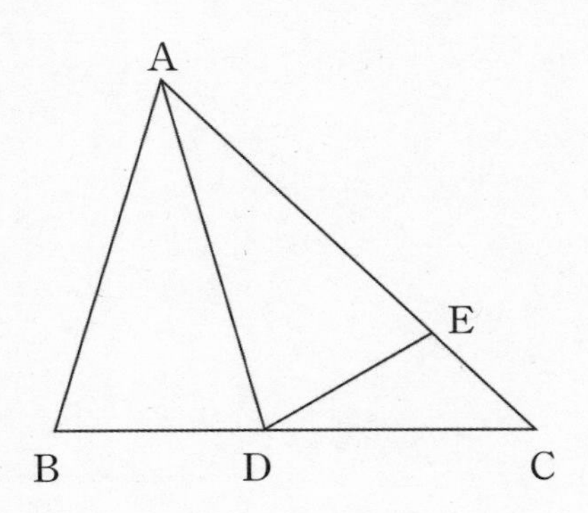

① $2+2\sqrt{6}$　② $2\sqrt{2}+2\sqrt{6}$　③ $2\sqrt{3}+2\sqrt{6}$　④ $4+2\sqrt{6}$　⑤ $2\sqrt{5}+2\sqrt{6}$

14. 양수 α와 함수 $f(x) = (x+2)(x-\alpha)$가 다음 조건을 만족할 때 α의 값은? [4점]

> 함수
>
> $$g(x) = \begin{cases} x & (f(x) > 0) \\ x + f(x) & (f(x) \le 0) \end{cases}$$
>
> 에 대하여 가능한 모든
>
> $\lim_{h \to 0+} \frac{g(x) - g(x-h)}{g(x+h) - g(x)}$ 의 값의 합은 $\frac{7}{2}$이다.

① $\frac{1}{2}$　② 1　③ $\frac{3}{2}$　④ 2　⑤ $\frac{5}{2}$

15. 수열 $\{a_n\}$은 다음 조건을 만족한다.

> (가) 모든 자연수 n에 대하여
> $(a_{n+1}a_{n+2} - a_n a_{n+3})\{(a_{n+2})^2 - a_{n+1}a_{n+3}\} = 0$이다.
> (나) 3 이하의 자연수 n에 대하여 $a_n = 4 - n$이다.

어떤 자연수 m에 대하여 $a_m = \dfrac{1}{3^5 \times 2^{15}}$이다.

$a_m + \sum_{k=4}^{m} a_k$의 값은? [4점]

① $\dfrac{362}{243}$ ② $\dfrac{121}{81}$ ③ $\dfrac{364}{243}$ ④ $\dfrac{365}{243}$ ⑤ $\dfrac{122}{81}$

단답형

16. 방정식 $\log_4 8^x = 3$을 만족시키는 실수 x의 값을 구하시오. [3점]

17. 함수 $f(x) = (x-1)(x-2)(x-3)$에 대하여 $f'(0)$의 값을 구하시오. [3점]

18. 두 수열 $\{a_n\}$, $\{b_n\}$에 대하여

$$\sum_{k=1}^{8}(a_k-2b_k)=\sum_{k=1}^{8}(4b_k-2a_k),\ \sum_{k=1}^{8}(a_k-b_k)=8$$

일 때, $\sum_{k=1}^{8}a_k$의 값을 구하시오. [3점]

19. 방정식 $(x-k)(x+2k)^2+16k=0$이 오직 한 실근만을 갖도록 하는 정수 k의 개수를 구하시오. [3점]

20. 최고차항의 계수가 1인 삼차함수 $f(x)$가 다음 조건을 만족할 때 $f(2)$의 값을 구하시오. [4점]

(가) 방정식 $f(x)=0$의 실근은 오직 $x=-1$뿐이다.

(나) $f'(0)=f(0)+2\sqrt{|f(0)|}$

21. 세 양수 a, b, k에 대하여 어떤 직선이 네 점 $(2,\ \log_2 a)$, $(4,\ \log_4 b)$, $(k,\ \log_2 ab)$, $(9,\ 3)$을 지난다. $\log_a b = k+3$일 때 b의 값을 구하시오. [4점]

22. 최고차항의 계수가 1인 삼차함수 $f(x)$에 대하여 주기가 p인 주기함수

$$g(x)=\begin{cases} f(x) & (0 < x \le p) \\ g(x+10) & (x \le 0 \text{ 또는 } x > p) \end{cases}$$

가 다음 조건을 만족할 때 $f(p+1)$의 값을 구하시오. (단, p는 자연수이다.) [4점]

(가) $g(12)=g(24)=g(36)< g(45)\le g(50)$

(나) 함수 $g(x)$의 서로 다른 모든 극값의 합은 $-\dfrac{40}{27}$이다.

* 확인 사항

○ 답안지의 해당란에 필요한 내용을 정확히 기입(표기)했는지 확인하시오.

○ 이어서, 「**선택과목(확률과 통계)**」 문제가 제시되오니, 자신이 선택한 과목인지 확인하시오.

제 2 교시 수학 영역(확률과 통계)

5지선다형

23. 다항식 $(x+4)^8$의 전개식에서 x^6의 계수는? [2점]

① 56 ② 112 ③ 224 ④ 448 ⑤ 896

24. 두 사건 A, B는 서로 독립이고

$$\mathrm{P}(A^C)=\frac{2}{3},\ \mathrm{P}(B-A)=\frac{1}{2}$$

일 때, $\mathrm{P}(B^C)$의 값은? [3점]

① $\frac{1}{2}$ ② $\frac{1}{3}$ ③ $\frac{1}{4}$ ④ $\frac{1}{5}$ ⑤ $\frac{1}{6}$

25. 확률변수 X가 이항분포 $\mathrm{B}\left(n,\ \frac{3}{n}\right)$을 따르고 $\mathrm{E}\left((X-3)^2\right)=2$일 때, n의 값은? [3점]

① 5 ② 6 ③ 7 ④ 8 ⑤ 9

26. 주사위를 세 번 던져 나온 수를 일렬로 나열하여 만들 수 있는 모든 세 자리의 자연수 중 하나를 선택할 때, 620 이하의 수가 선택될 확률은? [3점]

① $\frac{7}{9}$ ② $\frac{29}{36}$ ③ $\frac{5}{6}$ ④ $\frac{31}{36}$ ⑤ $\frac{8}{9}$

27. 정규분포 $\mathrm{N}(m,\ 2^2)$을 따르는 모집단에서 크기가 49인 표본을 임의추출하여 얻은 표본평균을 이용하여 구하는 모평균 m에 대한 신뢰도 95%의 신뢰구간이 $1.44 \le m \le t$이다. t의 값은? (단, Z가 표준정규분포를 따르는 확률변수일 때, $\mathrm{P}(|Z| \le 1.96) = 0.95$로 계산한다.) [3점]

① 2 ② 2.14 ③ 2.28 ④ 2.42 ⑤ 2.56

28. 두 집합 X, Y을 각각 정의역과 공역으로 갖는 함수 $f : X \rightarrow Y$가 있다. 순서쌍 $(X,\ Y,\ f)$가 $X \cup Y = \{1,\ 2,\ 3\}$을 만족할 때 다음 조건을 만족할 확률은? [4점]

X의 어떤 원소 x에 대하여 $xf(x)$는 짝수이다.

① $\frac{9}{10}$ ② $\frac{37}{41}$ ③ $\frac{19}{21}$ ④ $\frac{39}{43}$ ⑤ $\frac{10}{11}$

단답형

29. 이산확률변수 X가 가질 수 있는 값은 -1, 0, 1뿐이다. $\mathrm{P}(X=1)=\frac{1}{8}$일 때, $\mathrm{V}(4X)$의 최댓값을 구하시오. [4점]

30. 집합 $X=\{0, 1, 2, 3, 4, 5, 6\}$에 대하여 다음 조건을 만족시키는 함수 $f: X \to X$의 개수를 구하시오. [4점]

> (가) $f(0)=0$, $f(4)=6$
>
> (나) 5 이하의 자연수 x에 대하여 $f(x-1) \le f(x)$이면 $f(x) > f(x+1)$이다.
>
> (다) X의 어떤 원소 t에 대하여 방정식 $f(x)=t$의 서로 다른 실근의 개수가 3이다.

* 확인 사항

○ 답안지의 해당란에 필요한 내용을 정확히 기입(표기)했는지 확인하시오.

○ 이어서, 「**선택과목(미적분)**」 문제가 제시되오니, 자신이 선택한 과목인지 확인하시오.

제 2 교시

수학 영역(미적분)

5지선다형

23. $\lim_{x\to 0}\frac{\sin 3x}{\sin 7x}$의 값은? [2점]

① $\frac{3}{7}$ ② $\frac{2}{3}$ ③ 1 ④ $\frac{3}{2}$ ⑤ $\frac{7}{3}$

24. $\lim_{n\to\infty}\frac{1}{n}\sum_{k=1}^{n}e^{\left(1-\frac{k}{n}\right)}$의 값은? [3점]

① $e-1$ ② $\frac{1}{e}-1$ ③ $1-e$

④ $1-\frac{1}{e}$ ⑤ e

25. 이차함수 $f(x)$가 실수 전체의 집합에서 $f(x) \geq 1-\cos x$를 만족한다. $f(0)$이 최솟값을 가질 때 $f(2)$의 최솟값은? [3점]

① 1　② 2　③ 3　④ 4　⑤ 5

26. 그림과 같이 곡선 $y=\sqrt{(\csc x+2\cot x)\csc x}$ $\left(\frac{\pi}{6} \leq x \leq \frac{\pi}{3}\right)$와 x축 및 두 직선 $x=\frac{\pi}{6}$, $x=\frac{\pi}{3}$로 둘러싸인 부분을 밑면으로 하는 입체도형이 있다. 이 입체도형을 x축에 수직인 평면으로 자른 단면이 모두 정사각형일 때, 이 입체도형의 부피는? [3점]

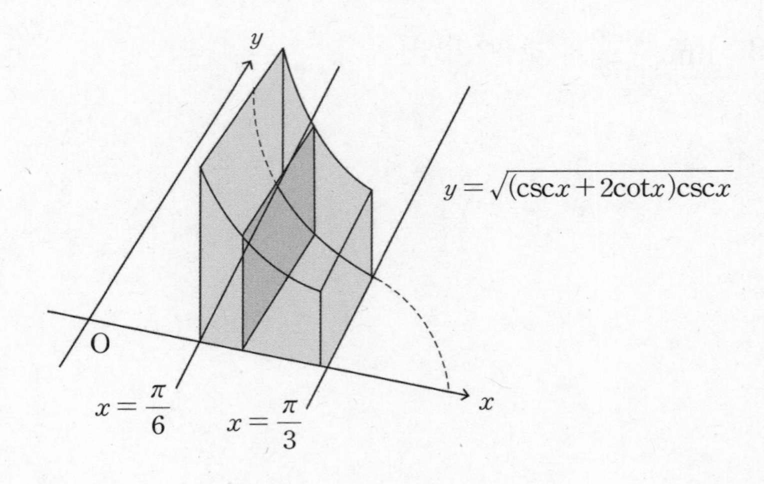

① $2-\frac{2\sqrt{3}}{3}$　② $3-\frac{2\sqrt{3}}{3}$　③ $4-\frac{2\sqrt{3}}{3}$
④ $5-\frac{2\sqrt{3}}{3}$　⑤ $6-\frac{2\sqrt{3}}{3}$

27. 실수 전체의 집합에서 이계도함수를 갖는 함수 $f(x)$는 모든 실수 x에서 $f''(x) \geq 0$이다.

$f(1)=3$, $f(2)=4$일 때 $\int_{1}^{2} xf'(x)dx$의 최솟값은? [3점]

① $\frac{1}{2}$ ② 1 ③ $\frac{3}{2}$ ④ 2 ⑤ $\frac{5}{2}$

28. 최고차항의 계수가 1인 삼차함수 $f(x)$에 대하여 실수 전체의 집합에서 미분가능한 함수 $g(x)$가 다음 조건을 만족한다.

(가) 1이 아닌 임의의 실수 x에 대하여 $f'(x)=\frac{f(x)}{x-g(x)}$이다.
(나) $f(2)=4g(0)$

함수 $g(x)$가 실수 전체의 집합에서 정의된 역함수를 가지며 이를 $h(x)$라 할 때, $h'\left(\frac{3}{2}\right)$의 값은? [4점]

① $\frac{7}{6}$ ② $\frac{4}{3}$ ③ $\frac{3}{2}$ ④ $\frac{5}{3}$ ⑤ $\frac{11}{6}$

29. 첫째항이 1인 등비수열 $\{a_n\}$에 대하여 $\sum_{n=1}^{\infty} a_{2n} = 1$이다.

임의의 자연수 m에 대하여 $\sum_{n=1}^{\infty} a_{m(n-1)+2} = b_m$이라 할 때

$\sum_{m=1}^{\infty}\left(\frac{1}{b_{2m+1}} - \frac{1}{b_{2m}}\right) = p - q\sqrt{5}$이다. $p+q$의 값을 구하시오.

(단, p와 q는 유리수이다.) [4점]

30. 열린구간 $(a,\ a+2) = X$에 대하여 미분가능한 함수

$f : X \rightarrow X$가 $\cos\left\{\frac{\pi}{2}f(x)\right\} = 1 - x$를 만족한다.

$\lim_{x \to a+} \pi^2 f'(x)f(x)$의 값을 구하시오. (단, a는 상수이다.) [4점]

* 확인 사항

○ 답안지의 해당란에 필요한 내용을 정확히 기입(표기)했는지 확인하시오.

※ 시험이 시작되기 전까지 표지를 넘기지 마시오.